OPEN PARTNERS

DIALOGUE AVEC LES MAIRES

JEU DE CONSTRUCTION N°4

OPEN LAB 2023

Édition : BoD – Books on Demand, info@bod.fr
Impression : BoD – Books on Demand, In de Tarpen 42, Norderstedt
(Allemagne)
Impression à la demande
ISBN : 978-2-3225-0255-4
© Pascal Bacqué, Yves Crochet, Laurent Strichard & Open Partners, 2023
Dépôt légal : Janvier 2024

À PROPOS D'OPEN PARTNERS ET DE DIGITAL VILLAGE

Open Partners est un groupe indépendant spécialisé dans l'immobilier qui développe des projets urbains et investit dans le développement d'entreprises dont l'immobilier et l'économie présentielle sont au cœur de leur stratégie. Soucieux du développement économique des territoires, le groupe s'attache à investir plus particulièrement dans des projets innovants et cherche à apporter une réponse efficace à ces enjeux de société.

Ainsi, face au vieillissement de la population, Open Partners a initié en partenariat depuis 2005 les fondements d'un pôle spécialisé dans le développement, la construction et l'exploitation de résidences services non médicalisées pour personnes âgées sous la marque des Jardins d'Arcadie®, avec pour objectif d'améliorer leur cadre de vie et leur quotidien. Élue marque préférée des Français en 2022 (OpinionWay), les Jardins d'Arcadie sont l'un des leaders du secteur avec plus de 60 résidences ouvertes.

Open Partners a également mis au point et développe l'Habitat Junior® : une nouvelle génération de résidences pour étudiants et jeunes actifs qui souffrent d'un lourd déficit de logements, en proposant un habitat en adéquation avec leurs nouveaux modes de vie, leurs moyens financiers et pour mieux les intégrer dans la vie de la cité. A ce titre, Open Partners a reçu le Grand prix national des Pyramides d'Or pour sa réalisation du complexe de la Tour TIP, également lauréat du concours Imagine Angers. Ce complexe comprend un Hyperlieu ® développé et géré par Digital Village, une nouvelle forme de tiers-lieu qui conjugue le digital à la mixité des services pour faire du complexe immobilier un véritable lieu hybride, propice au lien social et aux nouvelles formes de travail.

Véritables poumons économiques, ces hyperlieux sont dédiés aux indépendants, aux entrepreneurs du digital et aux start-ups qui viennent investir les espaces de travail, conjugués à des espaces de formation et d'innovation. Au centre du Digital Village, le lien sociable se créé autour du Café du Village, véritable lieu associatif et événementiel.

Déjà présent dans 7 villes de France comme Paris, Bordeaux, Marseille, Strasbourg, Digital Village, avec l'appui de son actionnaire Open Partners, a pour ambition de devenir le leader des Hyperlieux ® en région.

Open Partners est fier d'avoir joué un rôle de pionnier dans le développement des résidences-service, dont le besoin était criant, et qui constituent aujourd'hui 1/4 des activités de promotion immobilière en France.

Madame la Maire,
Monsieur le Maire,

Ce nouveau livret vous est dédié parce que vous en êtes en partie l'auteur: chaque jour, avec vous, avec vos services, nous apprenons avec humilité notre métier dédié aux jeunes dans votre territoire. Ce quatrième livret de nos réflexions est en grande partie le fruit de nos dialogues avec vous, avec les élus et vos services. Entretiens aussi riches en expérience qu'en informations sur ce qui nous constitue notre engagement depuis bientôt 20 ans, dans notre travail piloté par Laurent Strichard et Yves Crochet : le cadre de vie des jeunes.

Alors, nos *Jeux de construction*, cette année, nous ont conduit *tout naturellement* à vous après des années consacrées à la réflexion sur le logement étudiant, sur son élargissement aux jeunes actifs, sur les parties communes, sur les effets de la Covid…

Laissez-nous vous expliquer pourquoi.
Toutes ces années, nous avons eu de la chance.
Celle d'accompagner les changements profonds, les grands événements, qui, c'est tout leur intérêt et toute

leur complexité, ont leur part de lumière et leur part d'ombre.

Part d'ombre parce que nous vivons coup sur coup de très grandes épreuves, de taille mondiale (Covid, guerres, crise économique, écologique, énergétique, etc.). Lumineux, parce que la nécessité de les affronter, de faire travailler sa pensée à partir d'elles, est une source d'inventions, de projets, de progrès, de renouvellements qui nous poussent au dépassement de nos habitudes, voire de nos routines.

Chez nous, qui nous sommes spécialisés dans le logement dédié – Habitat junior, Habitat senior, jeunes actifs, etc. – la première de ces épreuves, qui demeure d'une brûlante actualité, a été la crise du logement. La pénurie de logements adaptés aux populations jeunes, nécessairement plus fragiles du fait d'une autonomie financière non encore atteinte, a été notre premier cheval de bataille, qui ne peut pas être gagnée par les seules puissances publiques, auxquelles doivent s'ajouter, plus que jamais, les renforts d'initiatives privées. Et tout cela, bien entendu, prend des proportions d'autant plus sérieuses que le contexte économique est plus difficile, en particulier avec l'ampleur de nos déficits, avec une inflation avec laquelle nous n'en avons pas fini, conjoncture qui met en péril le pouvoir d'achat de nos concitoyens, et même la possibilité de se loger.

Mais il ne s'agit pas seulement de loger les jeunes, il s'agit encore de bien les loger, et de leur donner non seulement ce qu'ils demandent, mais encore ce qu'ils n'osent pas, ou n'osaient pas encore demander – tout simplement parce que c'était du rêve.

Cela a été l'objet de nos travaux antérieurs. Les nombreux prix que nous avons reçus pour nos dernières réalisations, à ce titre, n'ont pas encouragé chez nous une autosatisfaction. Au contraire, ils nous ont servi d'aiguillon, et de preuve que notre chemin de réflexion, d'approfondissement des enjeux de notre métier était plus que jamais requis.

En tout état de cause, nos travaux ont anticipé ce qu'on appelle aujourd'hui les tiers lieux, et qu'on commence déjà à appeler les hyper-lieux. Après avoir travaillé sur le cadre de vie, en insistant sur des espaces de sociabilité et de travail participatif, nous avons préfiguré une espèce d'abolition de la différence entre habiter et travailler, et si possible avec une fenêtre grande ouverte sur le monde.

Notre « Jeu de construction » n°3, « *Du covivre au covid* », a pris la mesure d'une accélération dans la conception générale des tiers lieux, si importants pour notre population cible, les jeunes actifs.

La crise du Covid a été majeure dans notre domaine d'activité, avec toute son ambiguïté – entre le retour au cocooning, le premier spectre de la « grande démission », et l'accélération du travail distanciel ou télé-travail – avec ce que nous nous nommons aussi les « télé-études » à destination des étudiants et de leurs écoles. Tout cela augura un immense chantier pour repenser les modes d'enseignement. Ces données ont sans aucun doute amené notre métier à un tournant, dont nous sommes loin d'avoir pris toute la mesure. Parce que plus personne n'a pu dire, après cette crise, que le monde n'avait pas changé, et que les routines professionnelles demeuraient les mêmes.

Où nous en sommes aujourd'hui, comme l'atteste cette vague montante de conférences, d'ouvrages, sur l'hybridation[1], c'est précisément l'usage accéléré, de plus en plus massif, de ce mot. L'hybridation est un terme devenu si massif, d'ailleurs, que la seule dénomination des « parties communes » est désormais désuète, voire caduque.

Novation de notre temps : un espace s'hybride. Un logement s'hybride. Non seulement parce qu'un espace est d'abord vacant, et qu'il faut bien lui attribuer un rôle – alors il est plus créatif, plus intéressant de lui en attribuer plusieurs à la fois ; mais aussi parce que ses usages sont toujours de convention – il n'y a ou il n'y avait de boudoir, d'antichambre, de bibliothèque, de salle capitulaire, et de chambre que parce qu'on décidait qu'il en était ainsi. Alors pourquoi, demande-t-on aujourd'hui, ne pas décider deux choses à la fois ?

Et aussi, parce que cette hybridation joue dans notre monde, dans notre organisation de l'économie, un rôle de *divine surprise*. Tant sur le plan de l'emploi, puisque nos concitoyens sont de plus en plus nombreux à avoir une vie professionnelle hybride, que sur celui des études – les « doubles licences » qui font florès n'en sont qu'un des innombrables exemples – et, donc, « tout naturellement », sur celui du logement. Divine surprise de compenser la crise par une hybridation des lieux, entre lieu privé et lieu public, entre usage professionnel et usage de divertissement…

---

1. L'intelligent petit livre de Gabrielle Halpern, *Tous centaures,* peut constituer pour vous une lecture en contrepoint de ces *Jeux.*

Madame la Maire, Monsieur le Maire, ces questions se sont déjà posées à vous, et s'apprêtent à se poser à vous de plus en plus souvent.

Chez Open Partners, nous y préparons depuis des années.

Parce que l'hybridation, qui est inévitable, et souhaitable à beaucoup d'égards, n'est pas exempte, comme toute invention, de sa face d'ombre.

Parce que les discours enthousiastes sont souvent hâtifs ; parce que des bornes, des garde-fous, des mises en perspective sont toujours *indispensables* lors des grandes évolutions.

Voilà l'objet de ce quatrième *jeux de constructions*.

Accompagner l'hybridation, c'est d'abord l'expliquer. C'est, ensuite, l'orienter. C'est, enfin, la délimiter.

On le comprend : notre but, ici, est pratique, il est même pratico-pratique.

Qu'allons-nous faire de nos villes, de nos jeunes, de nos entreprises ?

Il serait trop triste que nous ne soyons pas vraiment aux commandes de ces évolutions, parce qu'elles risquent aussi, à côté de leurs apports évidents, de nous échapper et de déraper. Cette sagesse *doit être la nôtre et la vôtre.*

Bienvenue dans ce jeu n°4. Il a été, cette fois, intégralement pensé pour vous.

RÈGLE DU JEU N°1
DES TIERS LIEUX ET AUX HYPER-LIEUX

Notre marque de fabrique, chez Open Partners, consiste à nous consacrer aux habitats dédiés. Cela a été notre intuition de départ, et nous avons été, depuis, rejoints par nombre de nos confrères, parce que le besoin de ce type de logement ne cesse de croire. Drôle de mot, « habitat dédié » ; un de ces mots techniques dont vous êtes abreuvé, parce que notre tradition administrative aime bien ranger les choses dans des cases bien répertoriées. L'habitat dédié, c'est, vous le savez aussi bien que nous, cette conception de logements destinés à catégories sociales spécifiques, ou à des classes d'âge, chose qui n'aurait pas existé hier.

Vous êtes maire ; bien entendu, cela signifie que vous êtes un homme ou une femme politique ; mais la politique, qui régit votre relation avec vos électeurs et ceux qui ne le sont pas, vous relie naturellement, et même étymologiquement, à l'espace que vous dirigez avec votre équipe, et qui est précisément la « polis » des grecs, c'est-à-dire votre ville. En cela, votre métier n'a rien d'abstrait, mais il est, sans doute, de tous les métiers de la politique, le plus concret, puisqu'il fait de vous l'ordonnateur, le spécialiste, le bâtisseur et parfois même l'artiste d'un espace. Un espace fait de lieux et d'hommes. Toute la noblesse de votre tâche est dans cette complexité-là.

Cette remarque, pour vous dire que ces questions de définition sont importantes, pour vous comme pour nous. Parce que nous ne voulons pas nous payer de mots : notre responsabilité, et d'abord la vôtre, sont trop grandes, à l'égard de ceux qui habitent ces lieux. Il faut qu'ils soient là dans un espace qui réponde non seulement à leurs besoins, mais aussi à leurs attentes, leurs désirs, et leur aventure de vie.

Comme développeurs urbains, nous avons apporté sur nos fonts baptismaux une idée-force : que nous ne construisions pas en termes de mètres carrés, mais en termes de vies humaines. Nous venions de la finance, mais aussi de l'urbanisme. Les deux extrêmes, chez les deux pilotes d'Open Partners. Mais pour l'un, justement, les chiffres manquaient d'humanité, et il fallait leur ajouter ce que sous-tend un vrai désir d'entreprise, à savoir se rendre utile. Quant à l'autre, avoir piloté des projets urbains de vaste échelle lui donnait la nostalgie de la belle ouvrage, plus petite, plus précise, plus détaillée. Voilà pourquoi, dès notre premier jour, nous avons choisi les deux populations les plus fragiles d'un habitat encore peu nommé « dédié » ou « de services », à l'époque, à savoir les vieux et les jeunes.

Vous voyez, nous préférons parler avec vous des vieux et des jeunes, plutôt que de vous les évoquer par les habituels euphémismes. Les euphémismes sont nécessaires, mais pas quand on veut vraiment échanger ses idées.

Dire qu'il n'y avait pas d'habitat consacré aux vieux, auparavant, serait mentir.

De même pour les jeunes.

Il y avait bien des hospices, pour les vieux. C'était le dernier domicile, sentant la fin.

Pour les jeunes, il y avait les orphelinats, puis les internats, et enfin, ce qu'on appela les « résidences étudiantes » – mais aussi les « foyers d'étudiants » et les « foyers de jeunes travailleurs ». Il suffit de lire un roman de Dickens, aussi bien sur les hospices ou les orphelinats, et sans doute un roman plus moderne sur les « cités universitaires » (peut-être un écrivain beatnik ?) pour se faire une idée de ce que, jadis, on n'appelait pas un « habitat dédié » – mais qui l'était, pour le meilleur et pour le pire.

Ce premier point est important à nos yeux : au départ, et pendant des siècles, quand « on met » des hommes quelque part en raison de leur âge – et nous ne parlons pas de leur couleur de peau, de leur religion, etc. -, c'est qu'on commence, en ce qui concerne notre métier, celui de penser l'espace et celui de le bâtir, avec un terrible handicap.

Loger des gens, c'est toujours répondre à leur faiblesse. C'est partir de leur manque.

Sinon, si ce n'est pas le cas, les gens se logent tout seuls. Ils trouvent eux-mêmes leur lieu, ou leur espace : ils *l'achètent*, aujourd'hui, ce qui est une traduction en terme plus neutralisés de l'ancienne « conquête ». Car il s'agit toujours de la force ; non plus la force de l'épée, mais celle du portefeuille.

Or, désormais, une partie importante de la population n'a pas cette force. Certains n'ont pas le goût d'en faire usage ; à ceux-là, on pourrait dire, un peu cruellement : *grand bien vous fasse!* Mais ce sont des cas rares, des excentriques.

En revanche, pour les « non-excentriques », l'adjectif *démuni* a un sens réel et incarné. Comme celui d'insolvable, ou même d'impécunieux ; toutes ces connotations qu'on regarde d'ordinaire comme honteuses. On sait par exemple que la proportion des locataires du parc social est considérable dans Paris ; les chiffres de l'APUR, en septembre 2023, indiquent 25,2% des logements parisiens. Ce qui revient à dire qu'un quart des locataires de Paris, sans compter les files d'attente, n'ont pas les moyens de se loger au prix de l'immobilier privé, et qu'il faut donc trouver des solutions pour leur trouver un lieu, pour eux et leur famille s'il y en a déjà une. Ce qui est dire qu'un homme sur quatre est concerné par un logement qu'il ne choisit pas, mais qu'on choisit pour lui. La référence à Paris n'est qu'illustrative ; partout où le marché est tendu, l'exemple est valable. Ce qui vaut pour la région de Paris vaut pour l'ensemble de nos régions. La France est depuis si longtemps un pays centralisé, n'est-ce pas ? Si Louis XI a écrasé son adversaire Charles, celui-là n'était-il pas surnommé « le téméraire » parce qu'il osait être bourguignon ?

Or nous savons bien que lorsque les hommes ont la haute main sur le destin des autres, et qu'ils disposent des pouvoirs qui leur permettent de décider de leur sort, de leur organisation, etc., ils en font souvent moins pour les autres qu'ils n'en feraient pour eux-mêmes.

Un peu à la façon des romans du XIXe siècle où les grands patrons créaient des villes autour de leurs usines : il suffit de comparer les maisons ouvrières en brique (qui nous font rêver aujourd'hui!) avec le château du patron à l'entrée du village : on n'allait tout de même pas diviser le château en appartements !

(Et encore les petites maisons de brique étaient-elles, au moins, bien conçues…)

Nous ne vous donnons pas cet exemple pour nous moquer, mais en quelque sorte pour savoir ce qui nous attend. Pour nous faire une idée du handicap presque automatique qui affecte toujours ce qui procède plus ou moins de la charité, ou de ce qu'on préfère appeler aujourd'hui « le social » et que nous préférons nommer le *sociable,* en reprenant ce joli terme du 18e siècle, et donner un peu de couleur aux grisailles sociologiques.

Quand les populations ne souffrent pas seulement de leur décalage salarial avec l'offre des logements à vendre ou à louer, mais qu'ils n'ont pas de salaire, par exemple, parce qu'ils sont étudiants, ou parce que leur problème n'est pas leur portefeuille, mais leur corps, et par exemple leur corps vieillissant, alors leur passivité devient encore plus grande. Ce qui revient à dire que la part du *logeur,* et donc du constructeur devient majeure ; parce que nous ne sommes plus là seulement pour compenser une différence relative entre un travail et un coût de la vie : nous sommes là pour répondre à un besoin vital, dans une population fragile, productrice seulement, dans le cas des jeunes, de cette abstraction encore irréalisée qu'est un *avenir,* et, dans le cas des vieux, des contraintes de leur service. Vieux auxquels nous devons d'être nos pères, nos origines, et on ne peut pas dire que notre époque nous pousse à donner à ces mots une portée décisive sur nos vies.

Pourquoi toutes ces réflexions douces-amères, en commençant cette lettre que nous vous adressons, Madame la Maire, Monsieur le Maire ?

Parce que nous pensons que c'est beaucoup plus en affrontant toutes les difficultés réelles qui structurent nos métiers, qu'en nous payant de mots d'ordre, d'euphémismes et de formules creuses, que nous sommes vraiment capables de les mesurer. Or, aux difficultés liées aux règlementations, aux coûts de construction, aux financements et aux relations politiques – celles qui nous mettent en présence – s'ajoutent des difficultés fondamentales, qui sont beaucoup plus déterminantes, beaucoup plus lourdes de conséquences qu'on ne veut bien le dire. Comme vous, nous sommes des « *makers* » (cette entorse à la langue, nous la préférons à la traduction à double sens de « faiseurs ») ; sinon, nous dirons des « hommes du faire ».

Si vous voulez, nous pourrons forger ce concept : *la force d'inertie de l'habitat dédié.* Et puisque nous voulons ici, grâce au recul que permet la lecture d'un texte, grâce au temps long qu'il encourage, « tout mettre sur la table », il nous a paru nécessaire de commencer par elle, parce qu'elle est beaucoup plus terrible, beaucoup plus massive, beaucoup plus lourde de conséquences que toutes les tracasseries matérielles que nous venons d'évoquer.

C'est évidemment par le logement lui-même que nous avons entamé notre réflexion. La question de l'exiguïté, de l'espace, de la qualité et donc de la relativité de l'espace – parce qu'il faut bien être réaliste, et qu'il ne sera pas de toutes façons possible de loger nos étudiants comme Louis XIV logeait ses courtisans à Versailles (et encore, nous savons que rares étaient les grands seigneurs qui y étaient bien logés, Fronde oblige!) – nous a d'abord occupés. Que de croquis, que de dialogues avec nos architectes et avec toutes nos équipes, ingénieurs, commerciaux, pour trouver la meilleure façon de penser ces inflexibles 18 mètres carrés que nous imposait la réalité !

Cela a donné le *Studee* ®, soit un travail au millimètre pour améliorer les meubles, l'ergonomie, le volume – autrement la qualité de l'espace-, l'exposition, jusqu'à la forme des pièces afin de parvenir à un espace de vie vraiment pensé, vraiment qualitatif, où malgré la limite imposée de la superficie, on ait du bonheur à vivre ses années d'étudiant ou de jeune actif dans le *studee*.

Grignoter au fil du temps la qualité rabotée par les surcoûts, c'est céder à la facilité ; en vérité, il convient non seulement de ne pas transiger sur la qualité de l'espace et de l'ergonomie, mais de penser aussi la *performance* de ces lieux, qui doivent constituer un véritable zone de lancement pour le jeune actif. A l'âge de tous les projets et du début des réalisations, il faut que notre locataire se sente accompagné par le lieu qu'il habite.

Oui, « jeune actif » : assez vite, nous nous sommes rendus compte que « l'étudiant » d'hier n'était plus exactement le client qui fréquentait nos lieux. Que la différence hier radicale entre celui qui étudie et celui qui travaille tendait à s'estomper, à se nuancer. Que même lorsqu'on est encore étudiant, on est souvent en alternance, on commence à vivre les expériences, les stress, et aussi les exigences de ceux qui appartiennent au grand marché professionnel. Qu'inversement, lorsqu'on est un jeune travailleur, on est en début de carrière, on n'a pas encore son revenu de l'an prochain, etc. Bref, qu'un jeune actif ressemble parfois de très près à un étudiant.

C'est pour cela, et non pour céder à une mode des « marques », que nous avons inventé le concept *d'Habitat junior*, et que nous avons tenté de peser dans le débat public pour faire adopter cette norme nouvelle, pour la seule raison qu'elle reflétait l'évolution de notre réalité! Purement et simplement, du réalisme social.

C'est dans le cadre de notre réflexion sur l'Habitat junior que nous avons entamé un gros travail sur les *parties communes* (que nous nous refusons d'ailleurs de nommer ainsi, tant elles transpirent la banalité ! nous travaillons donc sur le cadre de vie qui n'a pas pour seul espace que le dormir...). Pourquoi ? Pour des raisons nombreuses qui ont toutes pour point de départ le réel, le quotidien du jeune actif d'aujourd'hui. C'est aussi pour cela que nous aimons, chez Open Partners, engager de jeunes diplômés à leur sortie de l'école, parce qu'ils sont pour nos des témoins interviewables à merci : nous leur demandons avec insistance de nous interpeller!

Le besoin de sociabilité, le besoin d'intimité, le besoin de connectique, de loisirs, de picole, de perte de temps – et ce qui serait d'une certaine manière la solution, à savoir l'insertion dans un tissu social, y compris intergénérationnel... Tous les besoins dont sont faits les hauteurs et les fragilités de la vie d'un jeune, à peine différente de celle d'un vieux! Après tout, un vieux n'est-il pas celui qui est jeune depuis très longtemps ?

A cette époque, nous avons conçu une transition des parties communes vers ce que nous appelions « Le vivier », et qui constitue, avant l'apparition de la notion de « Tiers lieu », une totale remise à plat des anciennes parties communes des résidences étudiantes. Il s'agissait, pour nous, dans un environnement où la connectique était croissante mais n'avait pas encore atteint sa vitesse de croisière… exponentielle, de passer de la notion assez vague et souvent un peu décevante de *loisirs,* à celle d'un véritable espace de création.

Depuis l'art contemporain – puisque l'art donne souvent le la des évolutions sociales avec un peu d'avance -, les atouts de ce qu'on appelle la création partagée, ou la création participative, s'étaient fait jour. L'idée que la création s'enrichit quand elle est produite par des artistes multiples, la fécondité propre du collectif, par opposition à une création centrée sur un seul homme, maître absolu de sa propre pensée et de sa propre main, avait certes un lien avec l'évolution de l'économie, et aussi avec la déperdition de la figure romantique du créateur. Et cela n'était pas sans consé-quence, certes positives, mais aussi fâcheuses. Nous le savions, comme nous savions dès ce moment que la présence toujours plus fort d'un espace collaboratif dans l'habitat junior avait d'immenses atouts, mais aussi des effets parfois délétères sur l'intimité et la construction individuelle. C'est pourquoi nous avons toujours décidé de *raison garder*.

Depuis, la notion de tiers-lieu s'est donc imposée, avec ce qu'a d'un peu regrettable cette dénomination, qui définit moins qu'elle n'affirme qu'il s'agit d'un lieu *autre* – un peu comme on dit, dans un raisonnement logique, le *tiers-exclu* [2](Vous pourrez nous répondre que le « quartier » aussi avait l'air de couper un lieu… *en quatre!* Mais privilège des vieux mots, il a acquis une patine qui n'a pas encore le tiers-lieu, sinon son prestige bien légitime de la nouveauté!) Bizarre, tout de même, cette façon de ne pas tout à fait dire ce qu'on veut dire, n'est-ce pas ? C'est toujours ainsi, avec les concepts des sociologues…

Le tiers-lieu, ce fut donc une invention où des professions diverses pouvaient s'avoisiner, dans un espace qui dépassait le co-working en favorisant une vie commune, y compris alimentaire (petits plats mitonnés en commun dans une cuisine), relationnelle, sociale, et même culturelle – puisqu'un tiers lieu est un lieu où l'on travaille, volontiers le jour, mais aussi où l'on fait de l'art, volontiers le soir…

Ce fut une vague, un tsunami, pour les équipes municipales, n'est-ce pas ?

Avec toute la brutalité d'un grand phénomène de mode, on se sentait un peu ridicule si on n'avait pas encore inventé un ou plusieurs tiers-lieu dans sa ville, si l'on n'avait pas attrapé le train en marche.

Il y a, dans cette évolution, quelque chose d'effectivement inévitable, et de fondamentalement positif en ce que l'énergie créatrice et productive est libérée par des espaces moins stéréotypés. Il est évident que dans un monde où l'habileté numérique, où les créations par ordinateur donc sont dominantes, ce type

---

2. Rappelons ici l'origine anglo-saxonne de la notion, « the third place », qui en anglais indique bien plus que ces nuances quelque peu péjoratives, l'idée d'un vraie novation, comme un immobilier du troisième type. Cette notion a été forgée par Ray Oldenburg, sociologue urbain, en 1989, dans son livre The great good place.

d'espace, mi-humanisé, mi-ludique, est extrêmement positif.

Par ailleurs, dans notre logique de « Vivier » et dans le cadre de notre activité d'habitat junior, cette officialisation de notre activité était une confirmation de notre hypothèse fondamentale : parce que l'étudiant ou le jeune actif affrontent tout de même une certaine précarité, il est vital de lui offrir des relais de socialisation qui, lorsqu'ils aident sa vie d'étudiant, de jeune professionnel, lui font faire d'une pierre, deux coups.

Restait à les concevoir dans une orbite qui ne nous échappe pas, et ne construise pas de nouvelles figures de l'asservissement. Une nouvelle et moderne version de l'aliénation. Parce que les conséquences les plus fâcheuses sont aussi toujours les dernières à apparaître. D'où notre éthique du « raison garder ».

Cette éthique est d'autant plus nécessaire que le tiers-lieu est désormais surplombé par ce que le géographe Michel Lussault a appelé les *hyper-lieux,* dans un ouvrage désormais fameux. Par ce terme, il signifiait des lieux dans lesquels la mondialisation atteint un degré maximal, au sens où, du même coup, comme dans l'Oasis du *Ready Player One* de Spielberg, le monde entier se retrouve à travers la virtualisation des réseaux sociaux, et invente des espaces collaboratifs mondialisés.

C'est un vertige. Un vertige essentiellement enivrant, mais aussi quelque peu angoissant, parce qu'il en résulte que l'hyper-lieu abolit la frontière, les frontières, et donne à votre ville d'être un morceau, si l'on peut dire, de Tokyo, de New York, de Canberra, où vos petits administrés bossent à 13000 km à la ronde.

Mais c'est précisément pour cela que notre contrôle, non pas conçu comme limitatif, mais comme humain, éthique, est absolument requis pour ce qui précipite désormais les hommes dans ce qu'on appelle l'hybridation.

Les hommes, les espaces, s'hybrident. Les métiers s'hybrident. Aux spécialités succèdent les multivalences, aux métiers déterminants succède l'indétermination des activités.

Trouver la voie de la sagesse dans cette transformation du monde, voilà une responsabilité beaucoup plus sérieuse que de suivre seulement le mouvement sans l'interroger.

Parce qu'il s'agit de vous aider à faire de ces espaces, toujours plus demandés, toujours plus nécessaires, de vrais espaces d'humanité.

Il y a un humanisme du tiers-lieu à inventer, qui doit correspondre aussi bien à votre propre éthique, à vos propres projets, qu'à ceux des jeunes actifs et des étudiants que vous accueillerez dans vos lieux ouverts à l'hybridation (mais quand nous appliquons les usages du tiers lieu au cadre de vie des jeunes, nous avons la conviction que cette tranche d'âge n'est pas limitative, que tout habitat, conçu pour travailler, vivre, se distraire doit inclure le tiers lieu famille, senior…)

Parce que nous avons compté à prendre le train dès son départ, nous voudrions parcourir avec vous quelques unes des questions que cette mutation vous pose.

Laissez-nous vous les résumer rapidement.

D'abord, la crise du logement : votre premier problème, c'est loger les gens. Mais comme nous venons de le dire, l'habitat est en train de muter. Il faut donc commencer par résoudre la crise du logement en proposant des espaces viables, des espaces désirables pour leurs habitants. Si bien qu'il faut commencer par acquérir du foncier adapté à chaque population, en évitant les concentrations sociales, parfois génératrices de ghettos urbains.

Ensuite, un problème d'équilibre social, et de mixité. Cette vieille sagesse des villes demande à se réinventer, et pas seulement dans les grandes résolutions, mais dans les détails.

Car il y a le problème infini de ces demandes de logement que les maires ne peuvent pas satisfaire, en particulier quand on envisage les migrations depuis la région parisienne vers une province rêvée qui ne peut pas tout donner de ses promesses en matière de faible coût et d'art de vivre, l'afflux devant être géré en même temps que les prix augmentent!

Sans compter le problème des tiers lieux, ou des lieux culturels qui peuvent ruiner les villes s'ils sont mal conçus, trop ambitieux, trop irréalistes… (Trop souvent, les tiers lieux publics sont conçus en ne tenant compte que de leur coût de fabrication, en oubliant la gestion des lieux.)

Et quid du déficit d'équipement ? Est-ce que les logiques de réduction des coûts n'entraînent pas, parfois, un racornissement de vos possibilités de réponse à toutes les demandes des néo-urbains de votre ville ?

Sans parler des entreprises : comment faire coexister harmonieusement les tiers lieux avec les efforts pour attirer les entreprises « conventionnelles » ?

Enfin, comment construire des lieux véritablement désirables pour les groupes que nous visons, et qui exigent une adaptation en temps réel aux mutations si rapides, si évolutives, de leurs pratiques ?

Dans le fond, le critère ultime se résume à ceci : il faut que la population soit fière de la ville. Voilà qui prouve la réussite d'un projet municipal. Aujourd'hui, la question de l'hybridation s'en mêle. Il faut donc avoir, sur cette question, les idées claires.

Souvenez-vous de Lorient, qui avait été la honte de la Bretagne hier : la base sous-marine honnie des allemands ! Elle est devenue fleuron de la Bretagne. Entre autres, grâce à ceux qui ont repensé ce lieu sans a priori, pour écrire les prémisses d'une nouvelle histoire, attirer des acteurs comme la Fondation Tabarly. Cette vision à long terme de la ville, cette création d'espaces auxquels toute une ville s'identifie, c'est possible chez vous plus que chez les politiques nationaux. C'est toute la beauté de votre tâche.

Vous le savez : votre métier repose d'abord sur du courage, et pour commencer, le courage de construire.

Aujourd'hui, quand le monde change radicalement, il faut savoir user de courage et de discernement.

C'est à ce cocktail très délicat que nous voudrions, humblement, participer.

REGLE DU JEU N°2
LE PRÉSENT DE L'HYBRIDATION, NOVATIONS ET MANQUES

Nous avons évoqué ce petit livre de notre amie Gabrielle Halpern qui fait un véritable tintamarre, et qui entraîne son autrice dans une série de conférences aux allures de marathon. Alors, tous centaures ? demande-t-elle. Elle ne le demande même plus, en fait, tant le changement anthropologique lui paraît décisif et définitif. Les âmes chagrines diraient que c'est le moment de la grande confusion. Mais on n'est pas obligé d'être chagrin. Justement, tout l'effort de la jeune philosophe, c'est de nous aider à accompagner avec moins de crainte et tremblement cette mutation aussi bien identitaire, personnelle que professionnelle et économique.

Tout est hybride, désormais, nous dit-elle. Les objets, pour commencer : les portables qui sont aussi des appareils photos, des journaux intimes, des journaux du matin… Les ordinateurs qui étaient, bien avant les vilains précédents, aussi des télévisions et des chaînes – « et la redevance, alors ? » Les villes, ensuite, travaillées au corps par un désir de campagne qui voit pousser, jusque dans leurs hyper-centres, des fermes là où il n'y avait que des crèmeries, des forêts urbaines là où n'étaient que des squares... Les espaces de vente, ensuite, ce que les spécialistes toujours gourmands de mots anglais appellent le *retail*. Vous avez vu passer sur votre bureau les rapports toujours plus inquiétants ou exaltants, selon que vous étiez plus ou moins geek, sur le cross-canal, sur le multi-canal, et finalement sur l'omnicanal – et l'on dirait même que ces rapports ne vous sont plus apportés que parcimonieusement, tant la révolution que ces mots annonçaient nous semble derrière nous, parce qu'elle est réalisée. Aujourd'hui, « tous les moyens sont bons » pour acheter, si bien que le consommateur regarde désormais comme parfaitement indifférent d'acheter sa paire de chaussures (pourvu qu'elle soient à ses pieds) sur Internet ou dans un magasin. Et même, c'est presque pire – et c'est pour cela que vos marchands de chaussures « basiques » ont disparu. Parce qu'à mesure que le commerce « brut » migrait vers le digital, les magasins, en tous cas les heureux élus parmi eux, se dirigeaient vers des espaces expérientiels, où vous venez non seulement pour tester, pour toucher, mais aussi pour passer un moment étonnant, que le nouveau propriétaire aura entièrement mis en scène, à grands renforts de décoration, d'imagination, mais aussi, pourquoi pas, de snobisme et d'épate. Eh oui, notre marchand lui aussi s'hybride... quoique partiellement, depuis l'ancien bateleur des marchés médiévaux jusqu'au dramaturge d'un véritable *spectacle commercial!* Mais en tant que maire, que « directeur de la stratégie de votre ville », vous devez assurer la pérennité, *au contraire* de l'obsolescence programmée du cadre de vie.

Mais que dire des étudiants et des jeunes actifs, qui sont notre principal objet de référence, chez Open Lab ? Eux aussi, nous raconte l'ancienne élève de Normale Sup, se rendent presque inclassables tant ils pratiquent de façon de plus en plus généralisée le double cursus, le triple cursus, une licence de ceci et un master du contraire, là des lettres et en même temps des maths, là de la communication ou du commerce et ici de la data science, etc.

Alors bien sûr, ces cursus multiples étaient, dans l'université anglaise et, plus largement, anglo-saxonne, une vieille tradition qui déplaçait à l'université la polyvalence cultivée par le lycée français. Mais d'abord, avec la spécialisation et la technicisation croissante de ces cursus, il devient paradoxalement vain de penser un lycée généraliste à côté d'une université spécialisée, et s'impose le modèle, si l'on peut dire, d'une université polyvalente, multipliant les spécialités parce que ce sont ces éventails larges qui donnent au jeune diplômé une supériorité sur son concurrent – tant la concurrence, vous le savez, fait rage. Mais surtout, parce que les métiers changent, et que de même que les objets deviennent incertains, les pratiques, les métiers s'hybrident à leur tour.

Nous opposions traditions française et anglo-saxonne, et nous n'avions sans doute pas tort – en tous cas, Gabrielle Halpern nous donnerait raison. Raison, parce que justement, la France est le pays de la raison, la France est le pays de Descartes. Or que fait la raison, demande-t-elle, depuis son origine, qui remonte à plus loin que Descartes, qui remonte à Aristote ? Elle classe, elle compartimente, elle spécifie, c'est-à-dire qu'elle crée des genres et des espèces et des sous-espèces dans ces espèces, etc. Bref, la raison définit, ou pour le dire comme les philosophes, elle *juge* – et juger ne consiste, nous assurent-ils, qu'à mettre en relation deux idées l'une avec l'autre! Mais c'est bien plus radical, répond la jeune essayiste : la raison stérilise, assèche, délimite, bref, atrophie les possibilités humaines, parce qu'elle a horreur de ce qui n'est pas net, de ce qui n'est pas tranché, bref, de ce qui n'est pas parfaitement défini. Et de conclure que finalement, elle a eu bien raison de parler de *centaures,* ces animaux mythologiques mi-hommes mi-chevaux, pour nous évoquer notre changement de paradigme, car les centaures, souvenez-vous d'Harry Potter et du professeur Dolores Ombrage (si ce n'est vous, c'est donc votre enfant, ou votre petit-enfant : n'hésitez pas à les consulter pour rafraîchissement) qui vivait dans les tasses de thé et les petits chats roses et sadiques : les centaures font peur.

Terreur du professeur Ombrage devant les centaures parce que leur caractère hybride provoque le dégoût, à en croire Halpern, de notre habitude rationnelle. Parce qu'ils sont inclassables, et qu'avec eux, les choses, les gens, les métiers, les groupes humains, les villes, le monde deviennent inclassables.

Madame la Maire, Monsieur le Maire, en quoi ce changement est-il déterminant pour vous, et, du même coup, pour nous ?

Rien ne semble présager qu'il n'y ait là qu'une mode. Vous le savez, et vous savez aussi que cela n'arrange pas vos affaires. Des choses qui jadis étaient des évidences, et organisaient autour de ce caractère d'évidence toute une vie autour d'elles, ne sont plus du tout aussi claires, aussi simples, aussi définies. Nous l'avons déjà évoqué avec vous un peu plus haut, mais la question du commerce est cruciale. Nous avons déjà déploré ensemble la grande fragilisation de vos centres-villes, la disparition de vos merceries, de vos crèmeries, de vos boucheries, de vos librairies, de vos petites boutiques de fringues…

Que dire de la mue de offices publics, de ce que vous appeliez jadis des équipements structurants ? Leur rétrécissement, en tous cas ; quand le digital a semblé détruire le village, s'est imposée justement à nous la recréation d'un village, d'un digital village, et même d'un café du village, d'autant plus indispensable que celui de la place de la mairie aveait disparu!

Et il est évidemment beaucoup trop facile, voire frivole, de se féliciter de la mue du retail, du commerce expérientiel, etc. « C'est bon pour les Champs-Elysées ! », pourrez-vous dire. « Qu'est-ce que ma ville de zone largement rurale a à voir avec le snobisme international ? continuerez-vous. Alors peu me chaut votre commerce expérientiel » – conclurez-vous, d'estoc et de taille.

A travers nos dialogues avec vous et vos pairs, nous avons entendu dans votre bouche et dans la leur le même leitmotiv : à aider les gens en organisant des réponses à leur besoin. C'est toute la beauté de votre tâche, sans aucun doute, car elle consiste essentiellement en un métier de service, mais non pas de services au sens de l'économie : de service *public.* Votre mission, voilà le message que nous avons toujours reçu de votre part, est de faire valoir au plus haut niveau la dignité et l'attention exigées par les gens en tant qu'ils constituent le groupe de vos administrés. Vos citoyens, dit-on encore. Le « public » que vous représentez ne peut à lui seul assumer les multiples charges exigées par nos sociétés toujours mutantes ; le « privé » doit remplir son rôle de complément indispensable à cette tâche considérable. C'est ce que nous évoquions plus haut avec notre *action sociable.*

Mais quand les citoyens, justement, deviennent insaisissables, indéfinissables, quand leurs demandes, quand leurs pratiques, quand leurs usages deviennent complexes, inclassables, n'est-ce pas que votre métier s'en trouve à son tour complexifié, et qu'il devient à vos propres yeux une espèce de lutte de tous les instants pour être à la hauteur de la mutation, et pour y répondre ?

Notre part de ce changement, c'est le tiers-lieu.

Dans le fond, il y a dans le tiers-lieu de quoi vous donner à la fois des sueurs froides et des raisons d'espérer.

Sueurs froides, parce que le tiers-lieu participe de cet effacement des frontières qui séparaient les choses, les pratiques, les usages entre eux. « Alors quoi ? C'est un bureau ? C'est une maison ? C'est une auberge de jeunesse ? C'est une foire ? » – « C'est un roc, c'est un pic, c'est une péninsule », vous répondrait-on insolemment en vous rappelant le nez insupportable de Cyrano, c'est-à-dire ce monstre, cette anomalie, bref, ce centaure.

Sueurs froides, mais aussi raison d'espérer. Parce que justement, ce tiers-lieu n'est pas l'expression d'un *recul* de l'espace public, celui qui vous concerne en premier lieu. (Bien entendu, vous avez aussi la tâche de veiller sur les lieux privés, mais justement, sur leur caractère privé, sur leur tranquillité, sur leur jouissance tranquille, en les protégeant des pollutions sonores, des incivilités, des indiscrétions, etc. De tout cela, nous reparlerons un peu plus loin, parce que loin d'être secondaire, c'est une question cruciale.)

Ce tiers-lieu, au contraire, est le signal pour vous d'une *renaissance de la dimension publique,* ou, pourrait-on dire pour parler comme les Romains des temps antiques, de la *chose publique.* Alors non, il ne s'agit pas de politique – du moins, pas encore, ou pas vraiment, ou pas tout à fait. Pas de la *res publica* et donc de la république au sens radical que cela pris.

Le tiers-lieu d'aujourd'hui n'est pas une cellule de parti. On n'y complote pas, on n'y élabore pas une idéologie, on n'y recrute pas des petits soldats pour une nouvelle révolution.

En quelque sorte, on s'administre à soi-même, si l'on peut dire, la révolution. On ne fait pas non plus, au sens strict ou exclusif, de l'argent. Le tiers-lieu n'est pas plus une entreprise qu'un local de parti, ou qu'un bistrot pour réunir des amis. Il est un lieu d'apprentissage, de socialisation, de communication, de création, de développement – voire, et c'est pour cela qu'on parle de surcroît *d'hyper-lieu,* de mondialisation, d'extériorisation, de projection de ce que vous y faites, dites, et êtes, dans des espaces extrêmement vastes.

Et l'on doit aller un peu plus loin, et ajouter d'ailleurs, dans cet élargissement progressif du lieu, que, toujours pour sacrifier à la mode anglo-saxonne, le co-thinking s'ajoute au co-working…pour parfois aller jusqu'au co-flop. Car ces nouveaux espaces ouvrent sur un autre grand sujet du moment, celui de l'identité. L'hybridation consiste aussi à cela : à n'être pas enfermé dans son identité. C'est aussi à cette fin qu'on parle de mixité fonctionnelle, et donc, ce qui vous concerne de près, de cette nouvelle façon de créer les outils de la ville par rapport aux besoins objectifs, mais aussi cette réponse au besoin subjectif de n'être pas enfermé dans une seule fonction. Jusque, pour nos jeunes, à dépasser cet enfermement des grandes écoles dont sortent les meilleurs d'entre eux, mais qu'ils peuvent regarder comme des tours d'ivoire ; dans un hyper-lieu, un élève d'une grande école de commerce qui monte sa start-up peut demander à des potes informaticiens de l'accompagner dans son travail. Tel est aussi le but de l'hyper-lieu : sortir de l'entre-soi. Accueillir des voix diverses pour construire à neuf.

Voilà à quoi vous avez affaire dans vos tiers-lieux. Et cette fois, il ne s'agit pas d'histoire de Champs-Elysées, de snobisme, de grand spectacle tout juste valable pour les villes-mondes ou autres métropoles déglinguées. Il s'agit de votre territoire propre, de quelque taille soit-il. Ils sont ici, les espaces centaures.

Drôle, d'ailleurs, de vous rappeler dans cette évocation l'ancienne dénomination du *squat*. Vous savez bien – vous l'avez déjà dit dans un de vos dis-cours – que les artistes sont toujours un peu le fer de lance d'une société. Or qu'est-ce qu'ils ont inventé, dans les squats, ces artistes des années 60-70, d'abord à Brooklyn à la façon d'un Warhol, puis à Berlin, Paris, Montreuil, mais aussi à Nantes, Tel Aviv, Anvers, etc ?

Dans leurs squats, ils ont inventé la vie communau-taire ludique. Il y avait déjà une vie communautaire, autrefois : souvenons-nous, par exemple, des apparte-ments soviétiques.

Mais dans les squats, la communauté étant organisée autour du travail artistique, il y a certes des engueulades, des scènes, des passions, des cris, des ruptures, mais il y a d'abord et avant tout des choses que l'on fabrique, et, la donne est le propre de l'art dit désormais « contemporain », que l'on fabrique *collectivement*. Nous pourrions citer, à titre d'exemple, le Push, à Aubervilliers, puisque ce lieu extraordinaire est devenu une des grandes pépinières de création et de partage entre les plasticiens.

Eh bien dans le fond, comme toujours en effet, l'art a débordé sur la vie. Le squat est devenu le tiers-lieu.

A ce propos, puisque nous parlions de squats, il nous faut rappeler comme les lieux éphémères sont à la mode, mais qu'il ne sont pas seulement un phénomène de mode – un vrai terrain d'expérimentation. Citons par exemple « Les grands voisins », qui sont une sorte de « fabrique du bien commun » installée dans l'ancien hôpital Saint Vincent de Paul, voué à devenir en 2025-2026 un nouveau quartier. Oui, on peut dire que ces Grands voisins, forts de leur expérience, ont préfiguré la vie nouvelle, et ont offert avant même sa naissance une vraie vitalité au nouveau quartier de Saint Vincent de Paul. Plutôt que des friches ou des manifestations zadistes, nous avons là des lieux d'expérimentation maîtrisés, où des structures pérennes gèrent ces occupations temporaires et ces plateaux urbains. Il n'y a pas de meilleur exemple d'une occupation temporaire réussie, qui a aussi été porté par la mairie, laquelle aujourd'hui se félicite du succès complet de l'aventure. On pourrait aussi citer Darwin, à Bordeaux, qui a démontré aussi ses brillants résultats, avec 650 personnes travaillant sur le site de l'ancienne caserne, et cinquante associations qui s'y sont implantées.

Dans le même ordre d'idée, il nous faut ici ranger notre fausse modestie au placard, et vous faire état de notre aventure du Relais d'Italie, qui fut lauréat du concours « Réinventer Paris », et nous a valu des échanges absolument passionnants avec des acteurs de notre activité, et avec les équipes de la municipalité.

D'abord, en ce qui concerne « réinventer Paris » et les initiatives équivalentes en France : nous pensons que ce n'était pas, pour le coup, un effet de mode. Il n'y a pas d'évolution sans tests, de même que les grandes mutations qui nous attendent ne seront pas possibles sans orchestrer, car c'est le grand mérite de ces initiatives, une discussion du public et du privé. Certes, il y a dans le choix d'un jury, d'une décision collégiale une petite part taillée dans votre domaine réservé, qui est plus que jamais légitime puisque vous représentez vos administrés ; mais cette petite part d'exception a l'avantage de contrôler, à tous les niveaux de la réalisation, sa dimension novatrice.

Dans notre projet par exemple, nous avons considérablement évolué depuis la constitution du plan initial. Il a vécu une croissance naturelle, et nous osons dire une croissance vertueuse. On pourrait dire, sans que ce soit un gadget, un projet « bio » – parce que la réalisation et le passage à la construction a suivi une pente naturelle. Du projet initial à la réalité pratique, concevoir un projet évolutif, qui se régénère, nous paraît être un des aspects de cette hybridation, qui nous libère des lourdeurs de l'urbanisme à l'ancienne mode. Le temps du privé permet ces accélérations, et aussi ces adaptations « en temps réel » d'un cahier des charges que le caractère expérimental du projet autorise, et même encourage.

Il en a résulté, pour ce programme, une réalisation qui s'inscrit déjà dans le PLU bioclimatique que la ville de Paris mettra bientôt en vigueur. Nous avons intégré toutes les dimensions de vie dans le même bâtiment, non loin de la notion récente de « ville du quart d'heure », concept qui par ailleurs n'est pas exempt de certains points noirs – tant il est vrai que le bonheur d'une ville, indépendamment des questions « pratico-pratiques », consiste aussi à la traverser, à la sillonner, bref, à déborder de son cadre!

Au Relais d'Italie, nous avons fait d'un blockhaus quelque peu stalinien une structure légère, où le béton désormais dialogue avec le bois. En choisissant une élaboration en atelier de notre surélévation en bois, nous avons dès le début édifié nos relations avec le quartier sur les meilleures bases, puisque nous leur avons épargné des mois de nuisances. Mais par-delà de cette donne initiale, notre Digital Village, fait pour le quartier, à la taille du quartier, a aussitôt produit un vent d'enthousiasme aussi bien entrepreneurial qu'associatif, puisque des activités très nombreuses se sont aussitôt greffées sur notre lieu. C'est dire qu'il correspondait bien à une demande très réelle, très concrète de notre présent. Notre choix d'un lieu hybride a été puissamment relayé par la réalité.

Au fil de l'eau, pendant la fabrication de cet hyperlieu, la participation de la mairie – et particulièrement de son premier élu – a permis de délivrer un projet enrichi, et abouti.

Pourquoi vous proposer de suivre notre exemple et de prendre l'initiative de créer à votre tour un tiers-lieu ? Parce que vous savez aussi bien que nous que l'incompréhension entre la population et les élus, et particulièrement la population jeune, est en train de se creuser trop souvent ; or les gens attendent du politique qu'il anticipe les transformations de la société, qu'il soit visionnaire. Sans aucun doute, certes à une échelle nationale et plus large, mais aussi dans une certaine mesure à l'échelle locale, l'incompréhension fondamentale vient du fait que la politique, trop souvent, ne fait que suivre le mouvement né à l'échelle sociale. Or bien souvent, les attentes du public au niveau national ne sont pas relayées, pas plus que de vraies innovations ne sont tentées, à part les expérimentations dites sociétales et qui sont très clivantes. Car pour le reste, la frilosité, voire l'inquiétude sont de mise. Mais pas dans notre domaine! Au contraire, nous ne rencontrons sur notre chemin que des encouragements à continuer.

Et autant le squat – snobisme mis à part – n'est pas très difficile à déloger, à tenir à distance, car disons-le crûment, le squat est la bête noire des villes – autant il est évident que le tiers-lieu et l'hyper-lieu, désormais massifs, désormais beaucoup plus vastes et importants que les expériences marginales d'hier, sont bien là, et qu'on ne peut pas faire comme si on ne les voyait pas.

Mais justement, parce qu'il emprunte au squat d'hier – ou le prétend, ou le prétendait – son caractère de génération spontanée, d'invention informelle et provisoire, il vous pose un problème qui touche au coeur de votre métier et de votre mission : ce qui est

informel, ce qui vient spontanément, ce qui ne se définit pas, ce qui à tous égards se donne comme hybride,
comment devez-vous vous y prendre avec lui ?

Et nous, qui concevons dans nos résidences Junior,
qui en sont le fer de lance, des espaces de ce genre,
sur quoi devons-nous mettre l'accent, non seulement
pour nos jeunes qui certes, y nagent comme des pois-
sons dans l'eau – à condition que ladite eau ne soit
pas victime de *marée noire*, nous y reviendrons – mais
aussi pour vous, dans la mesure où l'action publique,
la vôtre, peut bénéficier de ces tiers-lieux comme elle
peut s'y brouiller, et comme ces tiers-lieux peuvent
aussi se fortifier mais aussi s'affaiblir des plus ou moins
bonnes intentions de la chose publique à son égard ?

C'est pourquoi Open Partners est vigilant sur ses
hyper-lieux, que nous surveillons comme le lait sur le
feu : nous n'avons pas de baisse de notre fréquentation,
nous dynamisons constamment notre offre, bref, nous
sommes aussi évolutifs et réactifs que les attentes et les
inventions nouvelles nous le demandent.

Oui, nous touchons aux questions complexes, parce
que nous n'avons pas décidé de céder sans réfléchir aux
mutations du monde. Et nous pensons que c'est une
condition *sine qua non* de notre préservation comme
sujets libres.

Car c'est cette question qui est la plus profonde, et
aussi, bizarrement, la plus concrète. En tous cas depuis
que les centaures sont là.

RÈGLE DU JEU N°3
LE FUTUR DE L'HYBRIDATION, RÊVES ET CAUCHEMARS (OU L'INVERSE)

Il faut revenir au point de départ : une ville, votre ville, Madame la Maire, Monsieur le Maire, est une aventure collective. Mais justement, ce nombre qui fait votre ville, et qui fait la pluralité de ses maisons, de ses immeubles, et leur division en appartements, villas, châteaux pourquoi pas, mais aussi magasins, halles, services publics, manufactures, fabriques, usines pourquoi pas, et encore salons de coiffure, cabinets médicaux, cabinets d'avocats, etc. – cette pluralité fait de notre ville à tous un espace d'organisation.

Dans le fond, les Romains de l'Antiquité avaient raison : une ville commence par son plan. Le plan, ce n'est pas seulement la carte qui permet de se véhiculer dans l'espace ; c'est aussi le principe qui organise la ville. Le plan, c'est le pilotage du projet urbain, qui intègre à toutes ses étapes la conception, la réalisation, le suivi, etc. Plus largement, c'est le *sens* qu'on donne à notre vie collective, qui organise nos déplacements, nos rendez-vous, bref, « notre temps » et « notre espace ».

Construire une ville, maintenir une ville, gérer une ville, c'est offrir cela à ses administrés : une possibilité que nous leur donnons de servir leur vie individuelle par un certain nombre de repères, d'infrastructures, d'équipements, que génère systématiquement leur vie collective.

L'habitat des campagnes (je ne parle pas des villages) n'a pas la même visée : des maisons qui s'avoisinent, même nombreuses, ne sont pas une ville si elles se contentent de se succéder comme une série.

Or l'hybridation, qu'est-ce que c'est, pour ce qui nous concerne ?

C'est une remise en cause de l'organisation parfois séculaire, parfois millénaire, mais aussi parfois récente, de la ville. C'est une remise en cause du plan. C'est donc une nouvelle prise en charge du temps et de l'espace.

Pour commencer, il y a des déplacements qui, avec le temps, nous ont paru négligeables, ou chronophages. Prenons l'exemple du courrier ; mettons que nous devons écrire une lettre importante, ou administrative. Hier, nous aurions jugé parfaitement évident et nécessaire le temps, non seulement de la rédiger (d'ailleurs, nous le prenons à l'identique aujourd'hui), mais encore de se déplacer jusqu'au bureau de tabac pour acheter un timbre, et de là, d'aller à la poste pour envoyer son courrier. Certes, vous avez depuis longtemps des machines à affranchir le courrier, mais comme homme ou femme privés, vous êtes aussi un parfait exemple de notre petite expérience. De la même façon qu'un livre que vous désiriez, une paire de chaussures qu'il vous fallait renouveler, une expertise qu'il vous fallait solliciter,

toutes ces innombrables possibilités de la vie susci-
taient de votre part un projet de *déplacement,* tantôt
dans une boutique, tantôt dans une société, tantôt
dans un cabinet libéral, etc.

Comme vous savez, la lettre (mise à part la lettre
administrative, ou de candidature!)- est un art qui se
perd. Elle a été remplacée, au minimum, par le mail.
Ce qui ne veut pas dire qu'on ne peut pas encore écrire
de longue lettre, mais on ne recourra plus à tout ce
rituel, c'est-à-dire à tout cette série de déplacements
matériels qu'impliquait la rédaction d'une lettre *à
poster.*

Si bien que la Poste, devant cette modification des
usages, doit se réinventer. Pour peu qu'elle demeure
très longtemps une Poste. Bien sûr, nous dirons que
c'est là le fait d'une transformation due à la fameuse
révolution numérique ou digitale. Bien sûr. Mais si
nous mettons l'accent sur le digital, nous mettons de
côté non seulement notre organisation personnelle
(pour ne voir que la dimension technologique à
l'oeuvre), mais encore l'organisation de la ville elle-
même, l'organisation *qu'est la ville elle-même.*

Et pour conclure sur notre exemple, nous consta-
tons que la Poste a enclenché sa mutation, et que les
exemples de reconversion de ses espaces désormais
trop grands, là en hyper-lieux, là en résidences senior
comme avec nos partenaires des Jardins d'Arcadie à
Strasbourg, etc.

Cette ville pré-digitale, s'il nous fallait dire quel
était son principe fondamental d'organisation, nous
pourrions répondre sans coup férir : la séparation de
la sphère publique et de la sphère privée.

Comme nous l'avons dit à propos des campagnes, ce n'est pas parce qu'il y a un nombre, voire un grand nombre de maisons qui s'avoisinent que nous nous trouvons, sur le plan de la réalité vécue (nous mettons de côté les dénominations administratives) dans une ville. Quand il n'y a que des espaces privés qui s'enchaînent sans présence de bâtiment collectif (un hameau ressemble à cela), on n'est pas devant les enjeux de la ville. Servons-nous des erreurs, des dérapages engendrés par ce que nous devons plus appeler des villes nouvelles, mais des anciennes villes nouvelles!

Là où une ville devient une ville, c'est quand elle propose aux personnes privées de s'appuyer sur un certain nombre de lieux destinés à la vie publique, ou sociale, que ce soit pour alimenter, soigner, aider les personnes privées, que ce soit pour faire exister ou consister la vie collective, la vie sociale, la vie professionnelle, la vie de l'apprentissage et de l'étude, voire la vie créative, etc.

Mettons en revanche une ville où tout serait entièrement voué au social, au collectif, et absolument plus rien au privé. On se trouve là devant un cauchemar à la Orwell, ou une photographie à la Staline. Car alors, ce n'est plus une ville, c'est… une caserne. Sans le clairon du matin pour vous donner du courage!

Or notre humanité est ainsi faite que nous ne sommes pas capable de répondre à nos désirs et besoins à nous tout seuls, à moins que nous ne nous enfermions dans un tonneau comme Diogène. Si bien que notre besoin des autres, de leur aide, de la part qu'ils prennent de notre vie, la ville nous les donne de manière harmonieuse, claire, et si l'on peut dire peu coûteuse. Certes, on *dépense* dans une ville, mais cette dépense n'est rien si on devait la comparer à toutes les contorsions qu'il nous faudrait assumer s'il l'on exprimait notre besoin des autres en leur demandant de nous rendre service!

Si bien que sans cette distribution que la ville opère dans nos besoins, sans cette organisation qu'elle nous propose, nous perdrions le principal ingrédient de notre liberté.

Or l'hybridation met à mal cette évidence. Autrement dit, si, en poussant l'hypothèse jusqu'à l'absurde, nous jouions l'hybridation à outrance, les villes perdraient leur raison d'être. Nos hyper-lieux, nos tiers-lieux, nos espaces partagés, mixtes, deviendraient en somme ceux de notre confusion, de l'empiétement de nos activités les unes sur les autres, et donc d'une ville qui tournerait à une nouvelle forme orwellienne – non pas celle que l'auteur de 1984 avait inventée, mais une toute autre forme de tyrannie, celle du mixte, du jamais clair. Aller dans un endroit où ne savons pas où nous sommes, pour un besoin que nous ne savons plus formuler : voilà toute la difficulté devant laquelle nous mettent les lieux hybrides.

Vous voyez, dans ce dialogue avec vous au sujet de l'hybride, nous avons voulu explorer la face d'ombre de cette question, à rebours du livre de Gabrielle Halpern que nous vous citions, parce qu'en vérité, nous avons besoin de l'hybride, c'est-à-dire du composé, mais nous avons besoin aussi du simple. Nous avons aussi besoin de commerces qui sont ce qu'ils sont et ne sont pas autre chose ; nous avons besoin d'une boulangerie où acheter du pain avant d'y contempler une exposition de street art, comme nous avons encore besoin d'une poste si l'étrange pulsion s'empare de nous d'écrire à la main sur une feuille de papier, sans nous sentir immédiatement coupables d'écocide – et ce, malgré toute notre conscience écologique.

En vérité, nous sommes à une époque charnière. Des réponses nouvelles, des prises en charge encore en germe, encore à venir de nos besoins fondamentaux vont probablement changer le monde que nous habitons. L'hybridation, c'est d'abord et avant tout le signe d'une transition, d'une métamorphose, qui rend les définitions moins claires, moins efficaces. Et concernant une ville, ces transitions, avec la modification des lieux, de leur destination, de leur signification, sont à la fois une possibilité de dynamiser, de réinventer, de ranimer une énergie collective, comme elles peuvent être aussi destructrices, comme on le voit avec la crise du retail. Car il ne faut pas s'y tromper : les grandes surfaces, les hypermarchés sont aussi une expérience d'hybridation. Et pour le coup, on ne peut pas dire qu'ils aient donné à nos villes des ailes nouvelles pour y porter l'enthousiasme et l'espoir du lendemain.

De même sur le plan entrepreneurial : nous avons évoqué plus haut les cloisons trop étanches, les formations trop « tour d'ivoire », les dialogues trop difficiles, si souvent, entre les spécialités. Il ne fait pas de doute que l'hybridation peut et doit remédier à tant de mécaniques non-huilées dans l'élaboration des projets et des initiatives. C'est ce que nous promouvons dans notre « Digital Village », comme dans notre « Habitat junior », et c'est ce que, depuis que nous favorisons les co-participations, nous observons quotidiennement.

Mais à terme, et dans une perspective beaucoup plus globale, nous savons aussi qu'une logique perverse de l'hybridation peut conduire à la constitution d'énormes pôles tentaculaires et monopolistiques. Amazon, Google, en sont des illustrations évidentes et parfois inquiétantes. Car oui, le commerce est, chez Amazon, une activité hybride, et ce qui avait commencé comme une librairie en ligne a bien vite dévoré toutes les activités commerciales, au prix de milliers de faillites, de disparitions d'enseignes, etc. C'est ce gigantisme, cette démesure que nous devons surveiller avec vigilance. Ne reproduisons pas des échelles inhumaines, comme, justement, dans ces anciennes villes nouvelles que nous vous avons évoquées plus haut.

Et ce qui est vrai du commerce peut l'être de toute activité humaine dont la séparation avec toutes les autres, ce que Descartes appelait de son côté « les idées claires et distinctes », a du bon!

Si bien que nous ne venons pas à vous avec le bagou du bonimenteur de saloon, chez Lucky Luke, qui vous promet que sa potion guérit aussi bien la chute de cheveux que la faim dans le monde tout en donnant la bosse des maths. Notre hybridation, celle que nous défendons, doit être ponctuelle, située dans les lieux névralgiques, contrôlée, épaulée, bref, pensée. Elle doit pallier les manques dans les interstices, elle ne doit pas être regardée comme un idéologie de conquête. Et ce point est très important pour nous. Parce que nous ne concevons pas autrement notre rôle qu'ainsi : développeur de projets urbains. Il y a un version de l'hybridation qu'on pourrait intituler ainsi : *dynamiteur de projets urbains.* Entre la dynamique et la dynamite, nous avons fait notre choix – parce que nous avons affronté les enjeux! Et c'est à cela que nous voudrions vous aider ! Voilà pourquoi nous sommes

des *copilotes* de projets urbains : les temps longs sclé-
rosent la dynamique, car trop souvent un projet conçu
en l'an 1 verra le jour en l'an 10, et trop souvent, il
sera obsolète!

Pour conclure par des considérations plus pratiques,
comment le tiers-lieu ou l'hyper-lieu peuvent-il tourner au rêve creux, à défaut de cauchemar ?

Il y a pour commencer le plus simple, le plus pro-
bable : une banalité cachée sous une cosmétique. En
particulier dans le discours écologique du lieu – évidemment « éco-responsable » parce qu'il est rempli
de meubles récupérés plus ou moins stables… C'est
ce qu'on pourrait appeler *l'urbanalisation*, pour se
moquer un peu de ces fausses initiatives, qui pré-
tendront avoir coché toutes les cases ; vous pouvez
dans ces cas-là, soupçonner notre collègue promoteur
d'avoir été un peu vite en besogne, et de surfer sur la
vague sans trop y goûter.

Il y a plus grave : un hyper-lieu vraiment conçu,
mais mal conçu. Si bien qu'on se trouve devant le
problème d'une construction réelle, qui va entraîner
des investissements colossaux, voire la nécessité de
tout casser pour refaire. Cela nous dit assez comme il
est absolument vital de savoir anticiper, et pour cela
d'avoir les idées claires sur les enjeux de l'hyper-lieu
: quand on conçoit un projet avec des verrues, elles
perdurent. Nous avons appris, avec notre expérience,
à concevoir des trames réversibles, et transformables,
qui doivent évoluer tout au long de la durée d'amor-
tissement des financements. C'est pour cela qu'au
contraire des bâtisseurs mobiles, disparaissant une

fois la mission apparement accomplie, nous restons dans votre cité ; notre hyper-lieu nous sert, vous sert, d'observatoire ; il doit vivre avec vos administrés, être à leur écoute… Mais aussi à la vôtre.

Autre point noir : les problèmes de gestion, qui cette fois-ci ne ressortissent plus, d'ordinaire, du promoteur, mais de l'exploitant. En particulier, il faut évoquer la gestion trop conformiste. Surtout quand un volet « habitat junior », autrement dit « jeune actif » existe dans la résidence, il ne faut absolument pas laisser l'exploitant gérer la résidence comme une résidence étudiante d'hier. Autrement dit, se limiter au ménage, à l'accueil et au petit déjeuner comme une résidence étudiante. Aujourd'hui, ce type de prestation n'intéresse plus personne. Nous le prêchons depuis notre premier « jeu de construction » : une résidence junior ne peut plus se limiter à du couchage et à du gardiennage d'étudiants. Il faut trouver d'autres solutions que de fermer à clé les locaux à une certaine heure. Rappelons la Covid, comme nous l'ont montré nos études sur le comportement, les attentes, les besoins des jeunes, mais aussi sur leur mal-être qui aura laissé des traces chez bon nombre d'entre eux.

Le télétravail, au même titre que les télé-études, est nouveau, utile à certains, néfaste et préjudiciable à d'autres, dont les besoins tactiles, charnels, tout simplement humains ne sont pas remplacés par l'écran. Le télétravail est en cours de maturation, de même que les télé-études, qui sont à prendre en compte par les enseignants de tout niveau, y compris chez les étudiants en fin de cycle.

De même qu'il faut absolument veiller à ce que le tiers lieu ne devienne jamais incivil. Il faut donc que les villes fassent naître de nouveaux types d'exploitants. Il ne faut plus que les étudiants soient considérés comme une population déstabilisante pour la ville, mais qu'au contraire les lieux qu'on développe pour eux, largement ouverts sur l'extéieur, se révèlent comme des équipements structurants, vivants et dynamisants pour tout le quartier. C'est la raison pour laquelle il faut produire, comme nous le disons depuis des années, une vraie osmose entre le dedans et le dehors, entre le quartier, le bistrot, les étudiants, les actifs, les start-up hébergées, et les associations locales. Sans quoi nous risquons d'avoir des lieux qui tomberont rapidement en déshérence – et cela, pendant qu'à plus large échelle, les villes deviennent, comme nous l'avons évoqué plus haut, des friches urbaines.

En d'autres termes, il faut absolument parvenir, entre le danger et l'opportunité de la révolution digitale, à faire pencher la balance du côté *opportunité* : la révolution du digital et le Covid ont permis de montrer aux entreprises qu'on pouvait télé-travailler et qu'on avait des atouts dans les villes de France pour attirer la jeunesse active. Relevons le défi. Quand Paris, autrefois, attirait 80% des jeunes diplômés, la courbe peut s'inverser. Cette maîtrise du digital est une véritable chance pour les villes, dans la mesure où le digital peut s'imposer comme un service au même titre que l'eau et l'électricité. Mais justement : le mot-clé est celui de maîtrise. Faut-il encore conserver la maîtrise.

Nous avons trouvé, avec le Relais d'Italie à Paris, notre vraie laboratoire pour tester cette maîtrise, et notre Digital Village d'Angers est en train de nous le confirmer. A Paris, notre communication très suivie, très systématique en direction de toutes les associations de quartier a rendu évidente leur participation à la vie du lieu. Nous parlions tout à l'heure de la Poste : ce que la Poste pouvait être dans un village, à savoir non seulement un lieu de service mais aussi un espace de socialisation, est très clairement devenu exemplaire dans notre village digital : nous avons 300 événements par an, de cours de tango, de rencontres associatives aux lectures d'écrivains, bref, aux évènements les plus divers générés par la vie d'un quartier de Paris. Notre « café du village » est un vrai lieu de vie extrêmement divers, sept jours sur sept. Cet espace, en particulier pour les jeunes, est un vrai atout pour sortir du désoeuvrement, dé-ghettoïse la jeunesse, et favorise au quotidien les rencontres inter-générationnelles.

De même que se pose la question du temps.

Redonner une nouvelle vie au bâtiment, voilà une préoccupation écologique. Songeons à la reconversion des couvents, par exemple, et plus généralement de tous les bâtiments qui ont une âme. L'éco-construction, c'est rendre leur sens aux pierres. Ce n'est pas une affaire de mode. A ce titre, les japonais nous donnent un puissant exemple avec leur habitat traditionnel, si fragile, qu'ils reconstruisent à l'identique. Cela, nous ne pouvons le faire que parce que nous sommes des *généralistes*. Et cette idée nous ouvre à un immense enjeu actuel : qu'allons faire des hordes d'immeubles de bureaux qui ne sont plus adaptés aux nouvelles formes de travail et d'industrie ?

Reprenons à notre compte cette notion de ville du 1/4 d'heure si chère à quelques grandes équipes municipales : cela est, sans doute, possible, mais à condition de transformer des bureaux vides, de les reconvertir.

Les américains conçoivent les villes pour 15 ans : nous voulons, en Europe, c'est notre culture, construire des villes pour des siècles. Et nous voulons, aujourd'hui, tout pouvoir faire à pied ou à vélo. Encore faut-il avoir la capacité de le faire. C'est là que nous rencontrons le problème des villes nouvelles des années 60 : Saclay n'est pas encore le nouveau Cambridge ou Harvard de nos rêves (car il y a lieu de faire de gros efforts pour donner une vraie consistance de ville vivante au cluster de recherche, ainsi que le montrent les nouveaux projets pour cette zone d'excellence française.)

Pourquoi ? Parce que la décision politique, en amont de l'histoire de Palaiseau, était dirigiste et verticale, et a certes conduit sur le plateau HEC et Polytechnique, mais n'a pas assez demandé si c'était bon pour les étudiants. Il est trop triste, trop dommageable que notre élite estudiantine ne retienne du plateau que le souvenir d'une caserne. Attention à l'impatience; attention aux *villes à la campagne* et aux villes nouvelles!

Une hybridation durable commande le réinvestissement de lieux obsolètes. On avait empilé, on n'avait pas *mis ensemble*.

Nous ne concevons pas notre métier, et nous ne sommes pas vus de ceux avec qui nous travaillons comme des promoteurs, mais comme des investisseurs : investir un lieu, c'est s'y intéresser ; financer, c'est (étymologiquement) *terminer* quelque chose. Nous sommes des investisseurs, mieux encore que des promoteurs. Nous investissons la ville parce qu'on va y rester. « On est chez vous. »

Et pour conclure, nous insistons sur la *stabilité* des règles du jeu.

Les projets de transformation, de réhabilitation, et d'hybridation sont régulièrement plébiscités par le public, contrairement aux grands projets immobiliers d'antan, qui sont si souvent attaqués, et qui n'étaient pas, de toutes façons, le seul fait du maire – Préfecture, État, etc. -

Aujourd'hui, les populations rejettent souvent les constructions nouvelles et les projets urbains, comme le traduisent les nombreuses attaques de permis de construire. Les populations ne comprennent pas là ce que le projet leur apportera à elles ; précisément, travailler sur les projets hybrides, ouverts sur la ville, est une réponse au rejet courant du bâtir, et à la problématique des « maires bâtisseurs » – contrairement à ceux qui réhabilitent.

Mais tout cela, toutes ces ombres et lumières que nous avons voulu scruter avec vous, s'inscrit sur un fon d'urgence, à savoir les besoins toujours plus criants de la population en matière de logement, dont les années qui suivent vont encore montrer un accroissement spectaculaire. Et il faut bien reconnaître que le frein principal à la lutte contre le mal-logement est à ce jour l'Etat, et non les mairies.

Reste que ces nouvelles initiatives, celles des hyper-lieux, qui rencontrent, lorsqu'elles sont bien menées, un vrai soutien de la population, doivent s'inscrire sur un vrai projet, qui doit se donner comme échelle le temps long. On doit savoir cocher, en matière de coworking, de sociabilité, d'ergonomie, et tout simplement de plaisir et d'agrément, toutes les cases. Et n'oublions pas que nos villes ne sont pas seulement faites de ses habitants, c'est-à-dire de ceux qui y dorment, mais aussi de ceux qui y vivent le jour ; c'est aussi pour ces habitants diurnes, dont nous avons si besoin, que nous construisons ; hier les bureaux, aujourd'hui l'hybride, nous devons donner à chacun ce qu'il demande vraiment.

RÈGLE DU JEU N°4
NOS MISSIONS

Nous nous sommes bien compris : le dialogue entre le promoteur et le maire est crucial, en particulier dans les projets de lieux hybrides, comme les tiers-lieux et les hyper-lieux. Il s'agit de répondre à de besoins réels, aussi bien des étudiants que des actifs, qui sont de nature à favoriser les liens sociaux et la vie de quartier, et qui doivent donc être pensés en harmonie avec les riverains, les associations de quartier, etc.

Répondre aux besoins des étudiants, c'est leur donner d'une part de vrais éléments de socialisation qui les aident dans cet âge difficile de transition entre la jeunesse chez les parents et une première installation autonome, d'une part, mais aussi des compléments à leurs études qui, de plus en plus souvent, les plongent dans une sorte de « pré-vie-active » qu'il est très utile pour eux d'accompagner.

Quant aux besoins des actifs, ce sont essentiellement des jeunes actifs que nous parlons, puisque nous sommes encore, pour un temps qu'il est difficile d'estimer, dans ces périodes de transition où les métiers se complexifient, et peuvent s'épauler les uns les autres comme nous le vivons quotidiennement dans notre Digital Village, dont une description par ses auteurs suit ce petit livret de réflexion.

Au Relais d'Italie du 13e arrondissement, nous faisons l'expérience quotidienne, dans notre vaste « bistrot », mais aussi dans les salles de réunion, de tout ce qui peut faire le quotidien amusant et vivant d'un voisinage : cours de tango, club de poker, réunions des associations, réunions syndicales, même réunions politiques… Et encore expositions, lectures, activités culturelles…

Madame la Maire, Monsieur le Maire, votre collègue du 13 ème arrondissement – il vous le dira- s'y sent comme chez lui !

Oui, ce lieu résolument hybride a su trouver son public, non pour l'égarer, non pour lui faire faire des expériences bizarres, mais pour accompagner au plus juste une tranche d'âge en même temps qu'une petite tranche sociale, qu'une petite tranche de population qui aime, d'une façon ou d'une autre, à se socialiser.

C'est ce qui nous fait dire que notre expérience d'hybridation, vécue *in vivo* place d'Italie, est plutôt en train de cocher les cases « rêve » que les cases « cauchemar », celles que nous avons évoquées plus haut.

Avant cette expérience de l'hyper-lieu, on nous aurait dit que ce programme n'était pas viable sans le soutien, la perfusion de subventions permanente de la ville, de la région ou de l'Etat…Eh bien, chiffres à l'appui, les résultats sont là : ça marche

Il n'empêche qu'il nous a paru absolument vital de dépasser les effets de mode, et de penser pour vous et pour nous les enjeux, y compris négatifs, qui accompagnaient la thématique si *funky* de l'hybridation.

Car il y a une bonne utilisation du digital, une première conséquence vertueuse du numérique, c'est la possibilité pour les maires de se réemparer de tous les postes *au-delà de l'hypercentralisme parisien,* vous donnant de vrais outils pour soigner ceux qui sont laissés pour compte.

Mais parce qu'en même temps, il faut se méfier, et parce que ces temps de changements que nous traversons doivent nous donner une idée encore plus sérieuse de notre responsabilité commune à l'égard du public ; et c'est pourquoi nous avons voulu, dans l'une de nos règles du jeu, explorer les zones d'ombres de l'hybridation.

Nous savons que rien de définitif, rien de pérenne ne se pense sous le terme de « lieu hybride » ou « d'hyper-lieu ». Ces dénominations trahissent le fait que nous sommes dans une période de transition, et de redéfinition profonde de nos enjeux, de notre organisation, de notre gestion du temps et de l'espace.

Et nous savons aussi que l'hybridation a déjà montré, dans des aventures stupéfiantes comme celle d'Amazon par exemple, ses très graves dangers.

Notre tâche, avant toute chose, est la vigilance. « Nos deux vigilances », pourrait-on dire, en dépassant enfin la vieille méfiance entre le maire public et le promoteur privé, entre le maire soucieux du bien commun et le promoteur soucieux de son profit… Aujourd'hui, il n'y a pas de promotion tenable sans un souci de vraie valeur ajoutée humaine et culturelle, mais aussi de construction durable et vraiment pensée. C'est pourquoi nous pensons que nos rôles, entre le maire et le promoteur, sont complémentaires.

Cette hybridation maîtrisée, cette hybridation au service de l'épanouissement de vos administrés, cette hybridation joyeuse et vivace est tout le contraire d'une hybridation massive, assez obscure, infinie, et qui semble faire des grandes « marques » qui la servent autant de prédateurs redoutables et illimités.

C'est pourquoi votre responsabilité, paradoxalement, peut être accrue par l'introduction de ces tiers-lieux, de ces hyper-lieux qui font bouger les lignes, mais aussi les noms et les sens de nos villes. Car il faut plus que jamais une conscience, une mémoire, une vigilance aux villes qui doivent demeurer la chance des hommes.

Nous luttons comme l'obsolescence programmée des villes. Nous prônons la pérennité, et non l'obsolescence.

Merci, Madame la Maire, Monsieur le Maire, de votre lecture – et merci d'avance pour vos réactions!
L'équipe d'Open Partners.

JEU DE SORTIE
MICROFICTION URBAINE

La dure vie de Monsieur le Maire

Quand Jean s'était présenté aux élections pour conquérir la mairie de Senancourt, il avait prévu des ennuis, il avait construit en lui-même une carapace bien solide pour supporter les coups bas, les stratégies, les petites trahisons des proches et les grandes méchancetés des adversaires, mais quelque chose avait été plus fort. On oublie trop souvent de le dire, dans le pays de Louis XIV où l'on soupçonne toujours les hommes de pouvoir de vouloir le rendre absolu : offrir de son temps à l'action publique, c'est certes chercher à obtenir le poste, mais pour une raison. Pour un service. Pour un don de soi à un espace habité par des hommes. Ce qui veut dire qu'au coeur de tout politique, si souvent brocardés par les critiques et les railleries de café, un désir dans le fond assez pur constitue l'acte 1 de son drame.

Ce que Jean n'avait pas prévu, c'était *ça*. « Ça », ça n'était pas dans son esprit le concept freudien ; le « ça » de Monsieur le Maire était loin d'être enfermé en lui-même. Au contraire, « ça » était le surnom, voire le grigri qu'il s'était inventé pour dire la pesanteur de sa fonction, celle qu'il n'avait jamais imaginée. Celle qui affecte quiconque se retrouve à la tête d'une institution. Mais qu'on ne peut décrire, qu'on ne peut nommer. Ce fameux « pouvoir » qui fait saliver ceux qui veulent le détruire, ce désir d'être à la tête, sous la lumière, qui donne une espèce d'empressement permanent, d'énergie supplémentaire à tous les dirigeants, qui parlent toujours un peu plus fort que les autres mais aussi un peu plus brièvement, la tête un peu plus haute, le costume un peu plus repassé, l'eau de Cologne un peu plus affichée, était aussi une servitude.

Pas seulement liée aux obligations de l'emploi du temps, que la fidèle Hughette, sa secrétaire, lui déroulait avec tant de délicatesse et de philosophie – jamais Hughette ne le trahirait, au moins. Elle savait comment fractionner la journée pour ne pas accabler les épaules de Monsieur le Maire. Elle savait oublier quand il fallait la réunion de conformité de 18h30, dans le gymnase, à l'autre bout de la ville, alors que sa voiture était au garage et qu'il serait obligé d'y aller à pied, épuisé par une journée comptable, juste avant le cocktail du soir dans la maison de retraite. Puis elle le lui rappelait, avec un sourire gêné où Monsieur le Maire savait lire la malice de son plus grand supporter, et sa connaissance des forces et des fatigues de son héros.

Senancourt était une ville moyenne de l'extrémité de l'Ile-de-France ; longtemps, elle avait été un gros bourg des terres céréalières, de ce Vexin aux confins des Yvelines et du Val d'Oise où les boucles de la Seine ont dessiné des reliefs et de superbes vues que les enfants appellent des « montagnes » dans les voitures, sur l'autoroute, et que les Impressionnistes avaient immortalisé dans leurs peintures si chaleureuses et vaporeuses à la fois.

Puis, après la deuxième guerre mondiale, elle s'était construite comme un champignon. A quelques kilomètres de là, une ville nouvelle, Saint-Germain-en-Vexin, avait été l'une des expériences les plus spectaculaires de la modernisation pilotée par les plus hauts sommets de l'état. Il en avait résulté un pôle universitaire qui avait prospéré à la faveur du triomphe de l'informatique et des progrès constants de la médecine, jusqu'aux années 2000, mais aussi d'immenses barres de H.L.M., au milieu des champs pendant les premières années, mais toujours plus assiégées par des répliques durant les années suivantes, si bien que les « immeubles bucoliques » des premières campagnes avaient muté en deux immenses cités, fournissant leur contingent d'ouvriers aux deux grandes entreprises du territoire, l'une, appuyée sur l'excellence ingéniérique française, construisant l'informatique gauloise, l'autre, réalisant des composants pour l'industrie aéronautique basée à Toulouse.

Entre Saint Germain et Senancourt, les champs verdoyants au printemps, avoisinant ceux que dorait le colza, avaient lentement été remplacés par des essaims de petites maisons Phénix, aux identiques toits d'ardoise, aux mêmes façades blanches un peu bébêtes qui ne se distinguaient pas les unes des autres. Un puissant vent d'uniformisation avait envahi l'architecture hexagonale, et les habitats « typiques » là du Berri, ici du pays de Caux, ou encore de la Brie et de la

Beauce – séculaires traditions qui mêlaient les réalités changeantes du climat, de la culture, aux invariants de la géologie, qui dictait la couleur des sols et donc des pierres et des villes – avaient disparu.

Les normes, le marché, l'uniformisation opérée par la culture d'abord télévisuelle, puis mondialisée, avaient entraîné des conséquences immenses sur le paysage français, en général, et celui du Vexin en particulier.

Il en résultait une espèce de continuum urbain tacheté de bribes agricoles. C'était là que Jean était né, avait grandi, dans une famille d'ouvrier aéronautique ; il pouvait s'enorgueillir d'avoir habité, avec sa famille, les premiers appartements livrés de la première barre de Senancourt. Il avait joué au ballon avec les petits polonais, les petits italiens, et les petits maghrébins qui dessinaient le visage multiple de la France à venir. Comme on était alors, en ce début des années 60, en pleine domination des discours de Corbu, le Pharaon de l'architecture moderne qui s'était démultiplié en dizaines d'émules, d'imitateurs, personne ne songeait à contester la pertinence de ces nouveaux paysages où s'inventait la banlieue nouvelle. Grande banlieue, en l'occurrence, et qui alors ne savait même pas qu'elle l'était. On était loin des mines tantôt compassées, tantôt effarées, qui viendraient un jour ponctuer, de leur hochement préoccupé, toute évocation des « quartiers », des « territoires perdus de la République », des « cités » maudites de la fracture sociale. Jean était un enfant, et jouait. Comme tout enfant, il aimait jouer, il aimait ses amis, il aimait sa maison.

Puis, grandissant, aiguillonné par son père et sa mère qui nourrissaient de grandes ambitions pour lui, il passa brillamment son bac. Il fit, à Versailles, Maths sup et maths Spé, et intégra, évidemment, « Supaéro ». Le fils de l'ouvrier qui assemblait des moteurs d'avions serait le concepteur des avions de demain pour rendre hommage à l'effort et à la grandeur de son père.

Suivirent une trentaine d'années où Jean vécut à Toulouse, gravissant les échelons, et se retrouvant haut cadre chez Airbus Industries. La même passion de l'aviation que Miyazaki savait décliner en merveilleux dessins animés, de *Porco Rosso* au *Vent se lève*, avait animé d'une force égale, toutes ces décennies durant, le coeur de Jean. Il avait eu sa famille, il avait trouvé dans la fille d'un hobereau du Gers, sa femme, qui lui avait donné ses trois enfants et sa constance, qu'on peut bien appeler l'amour ; elle lui avait aussi transmis, par ses gènes et son histoire familiale, une possibilité qu'on appelait encore à cette époque la *promotion sociale*. Mais bien vite, les vieux modèles sociaux changèrent sous leurs yeux : le monde changea trop pour que la vieille féodalité française y résiste. En revanche, le château leur tenant à coeur, son beau-père insista pour que Jean le garde, après son départ de ce monde. Jean, donc, garda le château qui lui coûtait si cher, passa le début de sa retraite à trouver des solutions pour réparer le toit et payer le fuel, en multipliant les visites et les mariages. Il finit par trouver, parce qu'il était sérieux et efficace, son modèle économique. Mais quelque chose travaillait en lui, plus fort que tout : son enfance. Il ne parvenait pas à se remettre de ces grandes vagues de nostalgie qui le heurtaient, dans le parc du château rempli de pêchers, de rhododendrons, d'azalées et de pruniers qui donnaient à ses mois d'août de si admirables quetsches. Une espèce de culpabilité, de souvenir cuisant le hantait, qui lui représentait la barre HLM de son enfance comme le grand bateau qu'un marin aurait abandonné, en rade, ou à la cale, en laissant se corroder ce merveilleux partenaire de sa vie.

Il parla à sa femme, quelque jours après la mort de son propre père, l'ouvrier, qui n'avait jamais déménagé de la rue des Pervenches : « Claire, tu sais comme j'aime notre château. Mais tu sais aussi que Senancourt me manque. Je ne parviens pas à me dire que je suis en train de trahir mon devoir, quand je vois comme c'est en train de tourner, là-bas. C'est trop triste. La ville est en train de se défaire, alors qu'elle était si belle… Enfin si belle… Moi je la trouvais si belle! »

Claire sourit. Elle avait appris à aimer Senancourt et l'appartement si propret, si sage de ses beaux-parents qui l'accueillaient toujours avec une sorte de réserve, de timidité.

- Je pense que tu peux confier le château à Alexis, maintenant.

Alexis, leur fils aîné, était avocat et avait son cabinet à Agen. Il était déjà florissant, malgré la trentaine encore devant lui. On était en 2013, et Jean était à la retraite depuis deux ans.

Il décida d'acheter une maison dans la forêt, à la lisière de Senacourt, pour que sa femme ne se retrouve pas trop loin de ses repères dans la barre de la rue des Pervenches. Mais c'était là qu'était son coeur.

Il n'eut même pas besoin de s'encarter à quelque parti du centre-droit ou du centre-gauche : le vieux maire de Senancourt, qui n'avait jamais cessé d'adorer Jean comme il avait adoré son père, et l'avait supplié de prendre la relève pour redresser cette ville qui lui échappait, lui fit une voie royale vers la mairie. Et c'est ainsi qu'aux élections municipales de 2014, il fut élu haut la main en succession de Georges Fléchet, connu de ses habitants comme la vieille église romane du petit centre, et comme le terrain de foot de la zone périurbaine.

Car Senancourt n'avait pas toujours été une ville de pavillons uniformes et de barres vermoulues. Elle avait été un petit village agricole, accolé à un vaste château que la révolution française avait détruit. Senancourt avait ce qu'on appelle, dans la langue de la communication politique, des *atouts*. Un superbe village aux teintes harmonieusement blanches et ocres, et une vieille maison à colombages du 16e siècle. Un lavoir encore visible, dans le petit ruisseau, l'Èvre, qui passait devant la mairie. Et puis cette zone plus ou moins diffuse, au milieu de laquelle trônait l'ancienne caverne d'Ali Baba, qui avait été calomniée par un article du Monde après une sordide histoire de moeurs dans les caves trop silencieuses des Pervenches.

Jean avait alors redressé ses manches, et avec l'énergie qu'il avait mise à imposer ses avions, il se décida, seul d'abord, mais épaulé ensuite par les vieux et les jeunes de son équipe (étrangement, les « âges moyens » étaient assez indifférents) au redressement de la ville. Il redessina lui-même le logo urbain. Il créa un petit musée-lieu de rencontre, autour du passé aéronautique de la ville, car l'usine avait été délocalisée, évidemment, après son rachat par un groupe hongrois. La vaste friche industrielle lui avait donné des nuits d'insomnie, jusqu'à ce qu'enfin, au prix d'incessantes relances du pôle universitaire voisin, il parvînt à faire de l'ancienne usine une école de pointe sur les technologies nouvelles de l'Internet, et en particulier la lente maturation du Web 3.0, que certains appelaient le métavers.

Jean n'aimait pas Internet, mais il aimait Senancourt. Rien de trop beau, rien de trop moderne, rien de trop puissant n'existait pour sa ville. Il avait dû lutter pied à pied, montrer que les infrastructures de transport étaient suffisantes, que le RER et les réseaux de bus, bientôt relayés par la ligne du Grand Paris Express allaient suffire pour drainer les étudiants, les chercheurs. Et finalement, les pouvoirs publics, l'université locale finirent par céder à ses tirs de barrage : on installa en grande pompe l'I.N.T.E, *l'institut national des technologies d'Internet,* à Senancourt.

Cette victoire devait changer radicalement la destinée de sa ville. Alors que tout l'entraînait dans le cercle infernal de la relégation, de l'islamisme radical et de la fuite de ses classes moyennes, des professeurs, des étudiants internationaux se mirent à y revenir ; au début, un peu en se bouchant le nez, mais Jean avait tant de délicatesses et d'initiatives pour ses « petits bouchons » (retrouvant ainsi, dans leur façon de les nommer, le sobriquet dont l'affublait sa mère), en multipliant les zones vertes, en fournissant un superbe parc des sports dans les bois, en bricolant des bistrots de fortune, que les nouveaux arrivants commencèrent à aimer Senancourt.

Mais tout cela, qui commençait, était loin de porter encore ses fruits. La boussole intérieure de Jean était la suivante : son plaisir à se promener. Il fallait qu'il retrouve, en arpentant les rues de sa ville, les souvenirs de son enfance. L'émerveillement qu'il éprouvait alors, et qui avait été remplacé par un serrement de gorge, en découvrant tel tag, en constatant telle dégradation d'un abribus, et surtout en lisant dans les yeux des passants les idées noires qui tournaient dans les orbites, et qui se voyaient à l'oeil nu.

« Dans le fond, pensait Jean, le mystère et la grandeur d'une ville, de n'importe quelle ville, c'est que les hommes y exercent une sorte de chimie les uns sur les autres, et que le milieu clos qu'est une ville produit en eux des sentiments qui dessinent leur vie. Une ville, ce n'est pas autre chose qu'un oeuvre d'art, dont la matière est l'homme lui-même. Il n'y a pas que la beauté des édifices, la preuve, ma barre des Pervenches était laide. Mais je l'aimais. Parce que nous étions heureux à l'habiter ensemble. Nous exercions les uns sur les autres les bons fluides, nous nous communiquions les bonnes énergies. Une alchimie, plutôt. Transformer le plomb de vivre ensemble, en or d'être heureux ensemble. Rien au monde n'est plus difficile que ça. J'aurai réussi si l'alchimie de la ville a marché, si je ne lis plus, dans les yeux des passants, la fermeture et la haine, mêlée de crainte, qui m'a accueilli à Senancourt à la place de mes souvenirs d'enfance. »

Jean n'avait que rarement ces rêveries intérieures. D'abord, parce qu'il n'avait pas le temps. Il avait été happé lui aussi, comme tout le monde, par l'accélération du temps. Mais surtout, il était constamment sollicité sur le plan pratique, et cela lui donnait rarement le temps de se retrouver seul avec lui-même, pour méditer sur son projet.

L'urgence, c'était l'élargissement de l'INTI. Le gouvernement, très attentif au développement de l'école, avait décidé de financer sur des fonds publics les frais de scolarité, tant l'école était d'un intérêt stratégique pour l'économie hexagonale. Du coup, d'une année sur l'autre, la taille de l'école fut multipliée par deux. Heureusement que l'ancienne usine était immense, et qu'elle offrait donc un campus largement extensible! Les étudiants pouvaient affluer en nombre exponentiel.

Mais où les loger ? Les premiers logements, construits dans l'école même, devenaient déjà insuffisants. C'est pourquoi Jean se dit que, malgré la taille moyenne de sa ville (elle atteignait désormais 37546 habitants), il devait absolument songer à une résidence étudiante. D'autant que les bénéfices pour la ville n'avaient pas encore été assez nets. L'école restait encore une poche, une enclave, et n'avait pas suffi à transformer la ville, à modifier la façon de se comporter de la population.

Et là où les bras lui en tombèrent, c'est quand la minorité écologiste, dirigée par un ancien éditeur parisien qui s'était installé dans la forêt de Senancourt juste à côté de sa propre maison, décida de bloquer la construction. Jean se souvenait encore de l'échange avec Romain Farget, lors du conseil municipal de la semaine dernière :

Je pense que vous plaisantez, quand vous parlez d'une nouvelle résidence étudiante, avait soudain lancé Farget, sur un ton très agressif dont il n'était pas coutumier.

Pourquoi ? Répondit Jean. Qu'est-ce qui vous fait dire ça ?

Vous connaissez pourtant bien notre ville!

Mais justement, c'est parce que je le connais bien que je veux pour elle une nouvelle résidence étudiante! Il ne s'agit pas seulement de faciliter la vie à la direction de l'INTI qui, sans mes efforts, je vous le rappelle n'aurait jamais choisi le site Aéro pour y installer son école. Il s'agit pour moi, surtout, de faciliter la vie des habitants de Senancourt!

En construisant une résidence étudiante ?

Mais qu'est-ce que vous voyez de si terrible dans une résidence étudiante ? Elle va rompre l'homogénéité de la population ? Vous ne pensez pas que pour être heureuse, notre population a besoin de brassage, de différence, de jeunes de tous horizons, afin justement qu'on ne se retrouve pas à Senancourt comme dans un ghetto ? Je ne vous projette pas un casier pour y contenir 400, 500, voire 1000 jeunes engoncés dans un vêtement de béton disproportionné pour l'équilibre et la cohabitation des générations!

Vous faites du sentimentalisme, Jean, pardonnez-moi de vous le dire…

… Mais Romain, répondit Jean du tac au tac, vous vous comportez quant à vous en garde-chiourme! Je ne comprends pas comment un élu écologiste peut être ennemi de la jeunesse et de la diversité! Qu'est-ce que vous avez derrière la tête, pour vous enfoncer dans votre opposition ? Cela n'a pas de sens!

D'abord vous savez parfaitement que le budget de la ville est déficitaire!

Mais vous savez aussi parfaitement que ce n'est pas la ville qui va payer cette résidence étudiante! Nous allons faire un appel à projet en direction d'entreprises privées qui vont y avoir leur propre intérêt, et nous allons déléguer au vainqueur toute la dimension matérielle et financière, et même nous allons exiger de lui un package qui mêle promotion et gestion de l'établissement sur au moins 7 ans. Ils ont tous des partenariats avec des gestionnaires. Dois-je vous apprendre tout cela, mon cher Romain ?

Société privée, oui, sourit Romain.

Vous avez une autre proposition ? Vous préféreriez que l'état construise une prison sur notre friche industrielle ?

Ah, vous voulez la faire dans la friche industrielle, cette résidence ? Dans l'un des bâtiments du site Aéro ?

Il ne s'agit pas de réhabiliter, là, comme on l'a fait pour l'école. Les bâtiments intéressants d'Aéro ont été réhabilités, et l'école a une sacrée gueule. Le reste, ce sont des hangars insalubres et très laids. Il s'agit de les casser.

Vous voulez donc bâtir sur du bâti démoli.

Cela vous gêne ? Vous n'aimez pas la destruction créatrice ?

Ne me fatiguez pas avec vos grands mots. Ce n'est pas le problème.

Mais Romain, soyez clair, nom d'une pipe! Qu'est-ce qui vous gêne dans ce projet qui ne coûtera rien, qui amènera des populations nouvelles, jeunes et dynamiques, qui participera à la revalorisation de la ville, et qui contribuera à la mutation de notre image qui, je vous le rappelle, était encore il y a deux ans très négative ?

Qu'est-ce que vous voulez, quand on a comme vous un passé d'ingénieur, on ne comprend pas pourquoi on résiste à l'entreprise, à la fabrication. Un abricotier, ça fait des abricots. Un ingénieur, ça fabrique.

Je voudrais comprendre : la seule raison pour laquelle vous vous opposez au projet de la résidence étudiante, c'est parce que... vous ne vouliez rien faire ?

Oui, cela s'appelle la décroissance. C'est le cycle vertueux qu'il nous faut retrouver.

Romain, je suis parfaitement d'accord avec les cycles vertueux, et je suis tout aussi d'accord avec les nécessités de ne pas produire à outrance, et je ne suis pas, comme vous le savez, un capitaliste effréné. Il ne s'agit pas ici de construire pour construire! Il s'agit d'apporter à la population une jeunesse, qui tire la nôtre vers le haut, qui nous anime, qui nous rende toujours un peu plus une ville et un peu moins une banlieue! Qu'est-ce que vous avez à opposer à ça ? Qu'est-ce que vous auriez fait dans la friche, vous ?

Rien.

Comment ça, rien ?

Non, rien ; j'aurais laissé pousser la végétation, comme Gilles Clément l'a fait dans un célèbre jardin de Lille. J'aurais laissé se recréer un écosystème qui aurait progressivement réinventé le lieu… tout seul.

Votre baraque au bois de Vincelles, elle s'est fabriquée toute seule ?

Pas d'attaque *ad hominem,* s'il vous plaît. Je parle pour la ville, je ne parle pas pour moi.

Donc vous auriez laissé les ronces et les mauvaises herbes…

… et les arbustes, et même les arbres…

D'accord, et les arbustes et les arbres, pousser tout seul. Et cela aurait été votre action municipale ?

Oui, en ajoutant juste une piste cyclable entre l'entrée et la sortie de la zone Aéro. Les étudiants, ça aime faire du vélo, non ?

Jean avait rendez-vous avec Constrim, une grande société de promotion spécialisée dans les résidences étudiantes. Ils étaient les premiers à avoir répondu au concours, dont la projet avait été validé par le conseil municipal malgré les objections de Romain Farget. Constrim était la branche d'un énorme groupe de BTP, et on lui avait annoncé le DG ainsi qu'un directeur d'exploitation, en plus de l'architecte qui venait exposer une première esquisse de son projet. Jean avait veillé à ce qu'on brûle les étapes, et à ce qu'on ne se perde en prises de contact trop longues et trop vaseuses, pour rentrer directement dans le vif du sujet.

C'était un architecte argentin, assez râblé, avec une perruque posée assez négligemment sur son crâne pour masquer une calvitie humiliante. Il parlait avec de grands gestes, et les deux cadres supérieures de Constrim le regardaient avec une certaine satisfaction, un peu comme un dresseur de tigres sourit à la bête qui vient de traverser d'un bond le cerceau qu'il lui montrait.

Je sais exactement ce qu'il vous faut, s'exclamait Jorge Casares! Une vaste résidence spacieuse, et même spatiale, une résidence de l'espace! Quand on travaille dans la tech, dans l'accélération, dans le transhumain, il faut des espaces qui font rêver! Il faut quelque chose qui évoque les bureaux de Google, le campus de Facebook, avec du loisir, des toboggans, des puits de lumière, des tables de ping-pong, des cascades intérieures, et peut-être même un générateur de neige artificielle alimentée par une éolienne! Je sais tout faire! On skiera, on dansera, on courra, on baisera dans ma résidence!

Il montrait, en même temps qu'il s'échaudait lui-même, alimentant sa propre exaltation, des griffonnages de quelques traits sur trois grandes feuilles Canson, relevées par une signature à l'encre sépia en bas à droite de son « dessin ». Puis, triomphalement, il sortit la représentation 3D que son studio lui avait faite d'une vaste bâtiment entièrement en verre, grêlé de points noirs dont il ne comprenait pas la signification, et qui semblait une espèce de maelström hérissé d'angles apparemment aléatoires, montant progressivement jusqu'à ce qu'on peinait à appeler un toit, et qui était plutôt une espèce de queue de comète.

Voilà !

Tout en verre ? demanda Jean.

Bien sûr! Les jeunes peuvent se voir les uns les autres à poil! C'est la maison de la création et de l'amour!

Une petite question, demanda Jean en se tournant vers les deux cadres : quelle surface avez-vous assignée aux studios des étudiants ?

Vous voulez dire les cellules ? Demanda l'un des cadres.

Oui, ce que vous voulez, les cellules, les alvéoles, les cachots!

Nous sommes arrivés à une norme très spacieuse de 6,97 m2 par sujet. Cela lui donne une liberté de mouvement qui, d'après nos calculs, permet l'exploitation de 600 KCalories par jour. Je peux vous dire que c'est pas mal ; d'ailleurs, nous ajoutons dans les appartements premium une barre au-dessus des WC amovibles ; cela leur permet de se suspendre comme de vrais ouistitis, et ça fait plafonner l'IDE au double de calories!

L'IDE ?

L'indice de dépense énergétique.

Et qu'est-ce que vous appelez les appartements premium?

Oh, ce sont les cellules à loyer x 1,6, qui bénéficient d'une fenêtre sur l'extérieur et de la fameuse barre.

Mais je ne comprends pas, si tout est en verre, pourquoi avoir besoin d'une fenêtre ?

Non, je parle de nos normes usuelles de construction. Cela n'intègre pas les réalisations particulières de notre architecte. Là, je pense que nous n'aurions pas de cellule premium, dit Charles, le DG, au jeune Julien, directeur d'exploitation.

Non, c'est cela, Charles, conclut poliment Julien.

Vous comptez loger combien d'étudiants dans cette résidence ? Demanda le maire.

Ecoutez, Monsieur le Maire, dit le DG, chez nous, on a un T.V.C., et un T.R.C.V., respectivement, à 0% et 100%.

T.V.C ? T.R.…C… ?

Taux de Vacance des cellules. Taux de roulement des cellules vacantes. Pardon Monsieur le Maire. Je vous parle dans mon jargon professionnel. Mais ne vous inquiétez pas, vous n'avez qu'à vous appuyer sur notre expérience. Nous avons fait une enquête de rendement, et un diagnostic territorial très poussé. Toutes nos réalisations sont certifiées AFNOR. En plus, vous avez le confort de notre appartenance au groupe B., qui comme vous savez est un énorme paquebot, et vous savez que nous sommes des gens d'expérience, que nous avons à notre disposition des armées de marketeurs et de juristes qui vous simplifieront la tâche et vous éviteront toute complication. Donc ce que vous devez surtout avoir en tête, c'est votre goût esthétique pour la réalisation de notre génial Jorge Casares, qui a déjà bâti pour nous tant de belles et fabuleuses résidences.

Mais cher Monsieur, ce n'est pas exactement comme cela que je vois les choses! Il n'est pas question que je sois réduit à l'état de signataire d'un projet entièrement ficelé et d'un discours complètement techniciste. C'est une aventure humaine que je veux piloter.

Vous n'êtes pas ingénieur ? En plus, vous êtes divers droite, non ? Dit le D.G.

Nous avons mis notre plus célèbre architecte sur l'affaire : c'est dire comme nous vous respectons!

Messieurs, je vous souhaite une bonne journée!

Fou de rage, le maire se leva et sortit de son bureau ; les deux décideurs de Constrim étaient fort marris et fort choqués d'avoir été traités de la sorte, eux qui avaient tant fait pour les mairies, les étudiants, et les banques qui les finançaient tous.

Hughette, who's next ? Gueula Jean en rentrant dans son bureau après avoir vérifié que les trois horreurs étaient parties. Il s'était mis de l'eau sur le visage, pour atténuer la rougeur qu'il avait atteint.

Que se passe-t-il, Monsieur le Maire ?

Les promoteurs, Hughette, les promoteurs. Je ne sais pas qui me fait le plus braire, entre Romain Farget et le groupe Constrim.

Mais Monsieur le Maire, vous m'avez toujours dit que vous aimiez les écologistes et qu'il serait fou de ne pas les prendre au sérieux.

Mais j'aime beaucoup les écologistes, Hughette, détrompez-vous, comme j'aime d'ailleurs beaucoup les promoteurs, qui font un beau métier qui consiste à répondre à l'un des trois besoins fondamentaux, à savoir loger les gens. Seulement tout promoteur n'est pas le promoteur de mes rêves, pas plus que ce cher Romain n'est l'écologiste de mes rêves!

Eh bien justement, ce sont encore des promoteurs qui vous attendent dans le salon bleu, Monsieur le Maire.

Ah, eh bien ça, je l'avais oublié, dit le Maire. Il va falloir que je ne sois pas un ogre, ils ne m'ont rien fait. Restez à côté de moi, s'il vous plaît, Hughette, surtout au début du rendez-vous. Et si vous me voyez un comportement anormal, écrasez-moi le pied!

Vendu! répondit Hughette.

Cette fois-ci, c'était la société Opim qui prenait contact avec le maire. Cette petite société de promotion consacrée à l'habitat dédié, en particulier en direction des jeunes, s'était consacrée aux projets urbains, et proposait aux maires d'élaborer ensemble, en fonction des besoins de la ville, des projets sur mesure.

« Alors Messieurs, dit-il en rentrant dans la salle, comment allons-nous hybrider cette ville? »

Table des matières